FloEFD 流动与传热仿真入门及案例分析

第2版

李　波　唐文兵　何　叶　赖灵俊　编著

机械工业出版社

本书是一本全面介绍计算流体动力学软件 FloEFD 软件功能和应用方法的指导性图书，是基于 FloEFD 2022.1 版本进行撰写的。本书主要内容可以分为两个部分。第 1 部分系统地介绍了 FloEFD 的几何模型准备、仿真模型建立、网格划分、求解计算以及结果处理和仿真优化。对于上述内容中涉及的计算流体动力学、传热学和流体力学等学科的基础理论，本书都用相当篇幅简明扼要地进行了介绍。第 2 部分以 FloEFD 行业应用实例为主，其中包括汽车外流分析仿真实例、汽车功放热仿真实例、汽车主机产品热仿真实例以及 FloEFD EDA Bridge 模块应用实例。行业应用实例以背景介绍为起始，通过详细的说明与详尽的操作步骤，使读者在了解 FloEFD 软件功能的同时，逐步掌握如何利用 FloEFD 进行流体流动与传热数值仿真分析的基本方法和技巧。

本书可供使用 FloEFD 或其他计算流体动力学软件进行仿真分析的专业人员阅读参考，也可以作为高等院校相关专业研究生参考教材。

图书在版编目（CIP）数据

FloEFD 流动与传热仿真入门及案例分析/李波等编著. —2 版. —北京：机械工业出版社，2024.6
ISBN 978-7-111-75710-8

Ⅰ.①F… Ⅱ.①李… Ⅲ.①流体动力学-应用软件 Ⅳ.①O351.2-39

中国国家版本馆 CIP 数据核字（2024）第 087747 号

机械工业出版社（北京市百万庄大街 22 号　邮政编码 100037）
策划编辑：任　鑫　　　　　　　责任编辑：任　鑫　间洪庆
责任校对：张勤思　李小宝　　　封面设计：马若濛
责任印制：邓　博
北京盛通数码印刷有限公司印刷
2024 年 7 月第 2 版第 1 次印刷
184mm×260mm · 13.5 印张 · 334 千字
标准书号：ISBN 978-7-111-75710-8
定价：79.00 元

电话服务　　　　　　　　　　网络服务
客服电话：010-88361066　　　机 工 官 网：www.cmpbook.com
　　　　　010-88379833　　　机 工 官 博：weibo.com/cmp1952
　　　　　010-68326294　　　金 书 网：www.golden-book.com
封底无防伪标均为盗版　　机工教育服务网：www.cmpedu.com

第2版前言

如果从现在看未来的十年后，感觉那是非常遥远的将来。

如果从现在看过去的十年前，仿佛就在昨天。本书第 1 版就是十年前撰写的。彼时 CFD 工具已经在产品研发层面大显神通，在国内的 LED 照明、汽车热管理、电力能源、通信和其他工业产品设计等领域有着广泛的应用。当时为了给热设计工程师提供更有效的参考，帮助工程师高效应用完成工作任务，我和陈文鑫一起编著了本书第 1 版。

在这十年中，CFD 软件经过了一系列的整合发展，功能越来越完善，应用的领域也是越来越广泛。其中，FloEFD 软件的功能也得到了大幅度的提升，尤其是在电力能源、汽车和通信等行业的应用更是十分深入。所以之前书中内容已经不再适应现在新的情况，加之很多读者来信咨询内容的更新，在这样的背景下，我和唐文兵、何叶以及赖灵俊三位友人共同开启了本书再版工作的撰写之旅。本书第 2 版是基于 FloEFD 2022.1 标准版进行编写的，其中针对升级功能的操作进行了详细说明，并且添加了最新的工程应用案例。在编写过程中，我和赖灵俊负责撰写本书上半部分的基础知识内容，唐文兵和何叶负责撰写下半部分的实例分析内容。

FloEFD 属于 CFD 软件的范畴，一直以来都将易用性作为软件的重要标签。如果说十年前本书第 1 版是普及之作，那十年后的全新再版就是提升之作。希望广大的 FloEFD 使用者和热设计工程师能够更为熟练地在产品的研发设计阶段应用 FloEFD，更好地提升产品热和流动方面的性能，设计出热稳定性更强的产品。这就是我们四人撰写本书的初衷。

由于水平有限，书中难免存在疏漏之处，敬请广大读者批评指正。

李波

2024 年 3 月

第1版前言

　　计算流体动力学自20世纪60年代问世以来之所以发展迅速，是由于计算流体动力学仿真软件具备了低成本仿真复杂或理想物理现象的优点。商业计算流体动力学软件从20世纪80年代开始兴起，已经从最初应用的航空、汽车和电力能源领域，发展至机械、电子产品、暖通、环境和建筑等许多行业。现今，越来越多的企业意识到商业计算流体动力学软件为企业带来了巨大利益。美国市场研究公司Aberdeen Group在2011年的研究报告"The ROI of Concurrent Design with CFD"中指出，在产品研发中使用CFD进行仿真分析可以使产品质量目标、销售收入目标、保证产品上市日期和成本目标等方面的达标率提升6%~13%。此外，报告中也显示了现今商业计算流体动力学软件应具备以下特点：与MCAD软件结合、网格自动划分、网格具有灵活性和易于操作等。FloEFD软件不仅仅是一款商业化的计算流体动力学软件，而且其完全嵌入主流MCAD软件和自动网格划分的特点引领了商业计算流体动力学软件的发展趋势，将原本深奥和操作复杂的计算流体动力学软件置于设计工程师的桌面。计算流体动力学仿真分析不再属于少数仿真分析专家的独有，企业的产品设计工程师同样可以轻松驾驭这匹高科技"骏马"。撰写一本FloEFD书籍的动因正是想让更多的工程师能进行计算流体动力学的仿真分析工作。

　　全书共分为14章，第1、2章为计算流体动力学的基础和FloEFD软件背景，第3~10章为FloEFD软件功能和操作技巧，第11~14章为FloEFD行业应用实例。由于本书在写作过程中遵循仿真工作的基本流程，所以建议读者在阅读本书的过程中循序渐进，先学习软件功能和操作部分，再练习实例应用的内容。对于本书有关软件使用的内容，建议在软件中进行具体的操作，加深对于软件使用的理解和认知。本书应用实例的仿真模型数据及其他相关资料，可在机械工业出版社官方网站（www.cmpbook.com）本书介绍页面下免费下载。

　　Mentor Graphics公司力推FloEFD软件作为通用计算流体动力学软件，本书的出版得到了Mentor Graphics公司的大力支持。其中市场部门的童燕萍和Keith Hanna对于本书的出版提供了诸多帮助和建议，作者在此深表感谢。同时本书的出版也受益于行业内多位资深专家的帮助，正是他们的倾情付出，本书实例部分才得以顺利完成撰写。上海亚明照明有限公司的邹龙生为第 11 章提供了诸多写作材料和建议；飞利浦（中国）投资有限公司的郑臻轶对于第 12 章的撰写提供了诸多有益的建议；上海小糸车灯有限公司的王宽对于第 13 章的撰写给出了许多见解和指导；泛亚汽车技术中心有限公司的陆平对于第 14 章的撰写给出了许多见解和指导。最后作者想感谢自己的家人，正是他们的鼓励和支持，使作者能够全身心地投身于本书的撰写中。

由于本书从撰写到最终出版的时间较为紧促，加之 FloEFD 软件涉及的背景原理和行业应用比较宽泛，书中错误在所难免，作者愿与每一位读者进行交流和探讨，正如古人云"奇文共欣赏，疑义相与析"。

李 波 陈文鑫
2015 年 7 月

目　录

第 1 章

计算流体动力学概论

1.1　计算流体动力学的基本概念

　　计算流体动力学（Computational Fluid Dynamics，CFD）是 20 世纪流体力学领域的重要技术之一。它以电子计算机为工具，应用各种离散化的数学方法，对流体力学的各类问题进行数值实验、计算机模拟和分析研究，以解决各种实际问题。

　　为了求解描述实际流体运动物理场的偏微分方程组，计算流体动力学最基本的出发点是考虑如何把连续流体在计算机上用离散的方式来处理。一个方法是把空间区域离散成小的控制单元，以在整个计算空间形成立体网格或者节点，然后应用合适的算法来针对这些网格或节点求解相应的物理方程。根据求解问题的特点以及所应用的计算方法，形成的网格可以是规则的，也可以是不规则的。对于一些复杂问题，如动态流动模拟等，复杂算法还可以生成随时间或物理量变化的动态调整的网格。通常把网格的划分这一过程叫作 CFD 的前处理。

　　常见的离散化方法包括有限体积法、有限元法、有限差分法、边界元法等。其中有限体积法也称之为有限容积法，是最经典或者说标准的方法，在商用软件中最为常见。本书介绍的 FloEFD 软件也是使用这一方法。在有限体积法中，控制方程在离散的控制体积上求解，普遍认为这一方法更适用于流体运动的特性。而其他几种离散方法则适用于其他一些场合，如有限元法较多用于固体结构的分析。

　　任何流体运动的规律都是以质量守恒定律、动量守恒定律和能量守恒定律为基础的。这些基本定律可由数学方程组来描述，计算流体动力学可以看作是在流动基本方程控制下对流体的数值仿真模拟。对于应用于网格之上的流体运动控制方程最常用的是 N-S 方程组。该方程组以克劳德-路易·纳维（Claude-Louis Navier）和乔治·盖伯利尔·斯托克斯（George Gabriel Stokes）命名，是一组描述像液体和空气这样连续流动介质的方程。对于一些复杂问题，如燃烧、磁流体的运动等，除基本的守恒方程外，还会加入其他的化学、电磁学等方程。通过对控制方程组的求解，获得模型各物理量在空间及时间上的分布状况，从而实现仿真的目的。这一过程我们称之为 CFD 的计算求解。

　　通过上述求解后得到的结果是离散后各网格内部（或节点上）的数值，这样的结果并不直观，难以为一般工程技术人员或其他相关人员理解。因此将求解结果的速度场、温度场或压力场等表示出来就成了 CFD 技术应用的重要组成部分。通常把这部分工作称为 CFD 后处理。CFD 后处理软件或模块通过计算机图形学等技术，可以将我们所求解的速度场和温度场等形象、直观地表示出来，产生速度分布矢量图、温度分布云图等。通常用矢量箭头的大小表示速度大小, 云图颜色的暖冷表示温度或浓度、压力等物理量的高低。CFD 的后处理不仅能显示静态的速度场、温度场等图片, 而且能显示流场的流线或迹线等动画, 非常形象生动。

概括起来, 计算流体动力学以理论流体力学和计算数学为基础, 是这两门学科的交叉学科, 主要研究把描述流体运动的连续介质数学模型离散成大型代数方程, 建立在计算机上求解的算法, 并将计算结果以便于人们理解的方式展现出来。

1.2　计算流体动力学的优点

计算流体动力学的基本特征是数值模拟和计算机实验, 它从基本物理定律出发, 在很大程度上替代了耗资巨大的流体动力学实验设备, 在科学研究和工程技术中产生巨大的影响。由于流体运动的复杂性, 无论是传统的分析方法还是实验方法都有较大的限制, 既无法求得分析解, 也因费用高昂而无力进行实验确定, 而 CFD 方法具有成本低和能模拟较复杂或较理想过程等优点。经过一定考核的 CFD 软件可以拓宽实验研究的范围, 减少成本高昂的实验工作量。在给定的参数下用计算机对现象进行一次数值模拟相当于进行一次数值实验, 历史上也曾有过首先由 CFD 数值模拟发现新现象而后由实验予以证实的例子。

CFD 软件一般都能仿真分析多种物理模型, 如定常和非定常流动、层流、湍流、不可压缩和可压缩流动、传热、化学反应等。对每一种物理问题的流动特点, 都有适合它的数值解法, 用户可以对计算模型、控制参数等进行针对性地选择和设置。很多 CFD 软件之间可以方便地进行数值交换, 并采用统一的前、后处理工具, 这就省却了科研及工程工作者在计算机方法、编程、前后处理等方面投入的重复、低效的劳动, 而可以将主要精力和智慧用于物理问题本身的探索和工程问题的实际解决方案上。

以风洞实验为例, 相对于传统的风洞实验, CFD 数值模拟至少具有三个方面的优点: 首先是节约时间, CFD 可以通过计算机快速的计算能力与超大的存储技术, 建立虚拟的流场模型并进行流体的动力学仿真, 从而节省了风洞实验从设计到建造, 再到测试的漫长时间, 且避免了物理结构变动费时的缺点; 其次是节省成本, CFD 唯有的投入成本是计算机设备的购买、维护以及仿真软件的相关费用, 无须像风洞那样进行物理设施的购买与安装, 也不需要专门用于实验的场地, 所以相对物理实验来说, CFD 技术投入的费用低很多; 再次就是操作安全, 由于 CFD 技术使实验的全程可以在计算机上进行模拟, 不需要人与物身处高速流动的危险环境, 所以相对真实的风洞实验安全性得到大幅度提高。

1.3　计算流体动力学的发展过程

计算流体动力学作为流体力学的一个分支产生于第二次世界大战前后, 在 20 世纪 60 年代左右逐渐形成了一门独立的科学。总的来说, 随着计算机技术及数值计算方法的发展, 可以将其划分为三个阶段。

初始阶段 (1965~1974 年): 这期间的主要研究内容是解决计算流体动力学中的一些基本理论问题, 如模型方程、数值方法、网格划分、程序编写与实现等, 并就数值结果与大量传统的流体力学实验结果及精确解进行比较, 以确定数值预测方法的可靠性、精确性及影响规律。同时为了解决工程上具有复杂几何区域内的流动问题，人们开始研究网格的变换问题，如 Thompson、Thams 和 Mastin 提出了采用微分方程来根据流动区域的形状生成适体坐标体系，从而使计算流体动力学对不规则的几何流动区域有了较强的适应性，逐渐在 CFD 中形成了专门的研究领域（即网格形成技术）。

工业应用阶段（1975~1984 年）：随着数值预测、原理、方法的不断完善，关键的问题是如何得到工业界的认可，如何在工业设计中得到应用。因此，该阶段的主要研究内容是探讨 CFD 在解决实际工程问题中的可行性、可靠性及工业化推广应用。同时，CFD 技术开始向各种以流动为基础的工程问题方向发展，如气固、液固多相流、非牛顿流、化学反应流、煤粉燃烧等。但是，这些研究都需要建立在具有非常专业的研究团队的基础上，软件没有互换性，自己开发，自己使用。新使用的人通常需要花相当大的精力去阅读前人开发的程序，理解程序设计意图，改进和使用。1977 年 Spalding 等开发的用于预测二维边界层的迁移现象的 GENMIX 程序被公开。其后，他们首先意识到公开计算源程序很难保护自己的知识产权。因此，在 1981 年组建的 CHAM 公司将包装后的计算流体动力学软件（PHOENICS）正式投放市场，开创了 CFD 商业软件的先河。但是，在当时该软件使用起来比较困难，软件的推广并没有达到预期的效果。20 世纪 80 年代初期，随着我国与国外交流的发展，中国科学院、部分高校开始兴起 CFD 的研究热潮。

快速发展阶段（1984 年至今）：CFD 在工程设计中的应用以及应用效果的研究取得了丰硕的成果，并且在学术界得到了充分的认可。同时 Spalding 领导的 CHAM 公司在发达国家的工业界进行了大量的推广工作，Patankar 也在美国相关专业协会的协助下，举行了大范围的培训，旨在推广应用 CFD 技术。然而，工业界并没有表现出太多的热情。1985 年的第四届国际计算流体力学会议上，Spalding 作了 CFD 技术在工业设计中应用前景的专题报告。在该报告中，他将工程中常见的流动、传热、化学反应等过程分为十大类问题，并指出 CFD 技术都有能力加以解决。工业界对 CFD 不感兴趣，是因为软件的通用性能不好，使用困难。如何在 CFD 的基础研究与工程开发设计研究之间建立一座桥梁，如何将研究成果为高级工程设计技术人员所掌握，并最大限度地应用于工程咨询、工程开发与设计研究，这正是本时期应用基础研究所追求的目标。此后，随着计算机图形学、计算机微机技术的快速进步，CFD 的前后处理软件得到了迅速发展。

CFD 作为一门从 20 世纪发展起来的新兴学科，发展速度之快、应用之广，超出了人们的预期。虽然，目前仍然存在着很多理论上、技术上、物理模型上、计算应用方面等有待解决的难题，但是它已经取得了巨大的进展，成为流体力学、传热学和空气动力学等相关领域研究和设计的主要手段。相信随着 CFD 和计算机技术的进一步发展，CFD 在各个领域的影响也越来越大，由此会推动采用 CFD 技术的相关领域的发展进步。

1.4　计算流体动力学的应用领域

目前，计算流体动力学已经在许多工程领域得到广泛的应用，是进行传热、传质、动量传递及燃烧、多相流和化学反应研究的核心和重要技术。其也由最初应用的航空航天领域扩展至气象、船舶、汽车设计、水利、建筑、生物医学工业、化工处理工业、涡轮机设计、半导体及电子设备设计、暖通空调工程等诸多工程领域。

以我们日常生活中接触的建筑暖通空调工程领域为例，CFD 在这其中扮演着越来越重要的角色，至少可以帮助解决以下三个方面的问题：首先是气流组织设计，通风空调空间的气流组织直接影响到其通风空调效果，借助 CFD 软件可以预测空间内的温度、湿度和压力等参数的分布详细信息，从而指导空调系统的设计。其次是环境分析，建筑外环境对建筑内部居住者的生活有着重要的影响，如建筑小区二次风、小区热环境等问题日益受到人们的关注。采用 CFD 可以方便地对建筑外环境进行仿真分析，从而设计出合理的建筑风环境。而且，通过仿真建筑外环境风的流动情况，还可以进一步指导建筑内的自然通风设计等。再次是性能的研究，暖通空调工程的许多设备（如风机、蓄水槽、空调器等）都是通过流体工质的流动而工作的，流动情况对设备性能有着重要的影响。通过 CFD 模拟计算设备内部的流体流动情况，可以研究设备换热和流动性能，从而改进设计使其更高效工作，降低建筑能耗，节省运行费用。

1.5 计算流体动力学商业软件介绍

早期的计算流体动力学软件往往分为三个相对独立的模块，即用于网格划分和建模的前处理模块，用于数值计算的 CFD 求解器和用于结果展示的后处理模块。如应用比较普遍的前处理模块有 Gambit、ICEMCFD 等；通用 CFD 求解器有 Fluent、CFX、Star-CD 等；后处理模块有 Tecplot、CFD-POST 等。

为了数据交换的便捷性和工程应用的方便性，现在很多的 CFD 软件则趋向于将前处理、求解器和后处理整合在一个统一的界面内。更有像本书介绍的 FloEFD 软件将功能齐全的通用 CFD 工具嵌入主流的 MCAD（Mechanical Computer Aided Design，计算机辅助机械设计）软件系统内。由此，三维几何模型设计与 CFD 仿真分析同步进行，网格的创建、模型参数设定、计算求解，直至最终的结果展示和产品方案设计优化都在同一个环境内进行，大幅减少了数据传输转换的工作量，缩短了产品研发测试的生命周期。

除了通用的计算流体力学软件外，还有一些软件专门为某些行业的特殊应用进行了设计，极大地减少了建模仿真的时间。例如，对于电子散热行业常用的 FloTHERM 和 6SigmaET 软件，因其集成了大量的电子设备器件模型（如风扇、IC 芯片、电路板等）和材料参数，软件使用者可以快速地建立复杂的电子设备系统，在最短的时间内完成工程项目的需求。又如被广泛应用于建筑通风设计、环境分析的专业软件 FloVENT 和 6SigmaRoom，因其拥有创建智能模型、支持 MCAD 软件数据导入、针对室内空气质量独特的后处理计算等优点，可以让软件使用者快速建立复杂模型并很好地展示该行业内特有的一些计算参数，因此受到很多暖通空调设备工程师的青睐。

随着计算流体动力学技术的不断进步和计算机硬件的快速发展，商用计算流体动力学软件也将适用于更多的工程，并且在产品研发过程中发挥其更大的作用。

第 2 章

FloEFD 软件介绍

2.1 FloEFD 的工程应用背景

FloEFD 是无缝集成于主流三维 MCAD 软件中的高度工程化的通用流体流动与传热分析软件。它基于当今主流 CFD 软件都广泛采用的有限体积法（FVM）开发，并且被完全嵌入 Creo、CATIA、Solidworks、Solid Edge 和 NX 等主流三维 MCAD 软件中。其主要应用于以下行业：

1）照明行业。

2）电子散热行业。

3）汽车行业。

4）军工/航天航空行业。

5）机械行业。

6）医疗器械行业。

7）能源、化工行业。

8）制冷/空调/暖通行业。

9）风扇/泵/压缩机等透平机械行业。

10）阀门、管道等流体控制设备行业。

FloEFD 具有丰富的流体流动和传热学物理模型，可用于求解以下众多的工程实际问题：

1）外流/内流。

2）多流域（拥有独自流体参数）。

3）不可压缩/可压缩黏性流动。

4）不可压缩/可压缩气体黏性流动，包括亚音速、近音速、超音速、超高音速。

5）层流/湍流/过渡区流体流动。

6）多组分分析（甚至可达数十种不相关组分）。

7）非牛顿流体流动。

8）蒸汽的分析。

9）相对湿度的分析。

10）空化现象。

11）耦合换热（流体与固体），导热与对流。

12）强迫对流/自然对流/混合对流。

13）太阳辐射和红外辐射分析（蒙特卡罗、离散坐标和离散传播模型）。

14）瞬态问题。

15）旋转机械分析。

2.2 FloEFD 研发背景和历史

1999 年以前的 CFD 软件还具有非常浓厚的科学代码风格，并且需要高性能的计算机资源作为基础，对于软件使用者而言也有很高的要求。如何选择合适的物理模型、创建可靠的网格以及求解收敛的控制都限制了 CFD 软件只有少数人能熟练使用。当时 CFD 软件的应用场合也仅仅局限于航空、汽车和电力能源等少数几个可以负担 CFD 软件高昂使用费用的高科技行业。FloEFD 研发的目的是为了让更多的行业可以通过 CFD 软件仿真分析而受益。FloEFD 要达成的目标是，将 CFD 软件引入通用机械、液压、旋转机械、电子产品、暖通、消费品等行业，将其贯穿至产品概念设计、研发和优化设计的各个阶段。易于使用、功能强大、高效、结果精度高和合理的价格是 FloEFD 为了达成这一目标而所应具备的特性。有别于其他的商业 CFD 软件，FloEFD 被嵌入主流的 MCAD 软件中，为软件的易用性和高效性提供了坚实的基础。

1999 年，德国 Nika 公司成功地基于 AeroShape 3D 开发了完全嵌入到 MCAD 软件中的 FloWorks 99。2006 年，Nika 公司被英国热仿真软件公司 FLOMERICS 收购，之后 FloWorks 99 更名为 EFD。2008 年，美国 EDA 软件公司 Mentor Graphics 公司收购 FLOMERICS。次年，Mentor Graphics 公司将 EFD 更名为 FloEFD，并沿用至今。2016 年德国西门子公司收购了 Mentor Graphics 公司，FloEFD 软件被整合到西门子数字化工业软件 Simcenter 的全新平台中。

2.3 FloEFD 的特点和优势

FloEFD 完全嵌入主流 MCAD 软件中，对于 Creo、CATIA、SolidWorks、Solid Edge 和 NX 等主流三维 MCAD 软件的模型数据而言，没有数据的转化过程。同时，FloEFD 软件可以自动识别流体流动区域，避免建立流动区域模型的工作。如图 2-1 所示，FloEFD 软件可以自动识别发动机水套内部流体流动的区域。

FloEFD 支持全自动网格划分和基于仿真结果的自适应网格划分。如图 2-2 所示，FloEFD 会根据阀门几何模型的不同和自动网格划分的等级自动创建网格。由此可以降低软件使用者对于 CFD 专业知识背景的要求，提升仿真分析的效率。

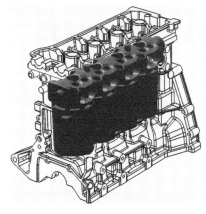

图 2-1　发动机水套

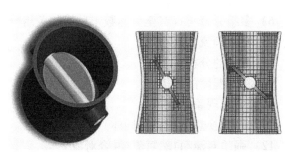

图 2-2　自动划分的阀门网格

　　FloEFD 具有层流、过渡流和湍流自动识别和求解能力。FloEFD 软件可以自动识别流体流动区域的流体流态。降低软件使用者对于 CFD 专业知识背景的要求和提升仿真分析的效率。图 2-3 所示为 FloEFD 在整个流动范围内流体流动阻力系数仿真结果与实验数据的对比。

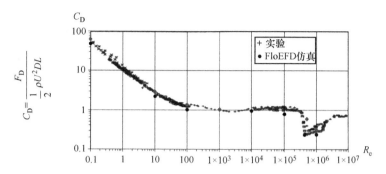

图 2-3　FloEFD 仿真与实验的流体流动阻力系数对比

　　FloEFD 中采用的修正壁面函数将网格和湍流模型联系在一起。其可以在近壁面没有精细网格的条件下，获得足够的工程求解结果精度。图 2-4 所示为 FloEFD 中圆柱绕流仿真结果与实验的对比。

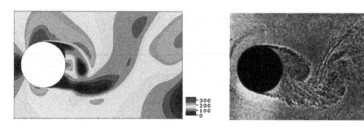

图 2-4　FloEFD 仿真与实验的圆柱绕流结果对比

　　FloEFD 具有自动求解收敛技术，与传统 CFD 软件通过残差曲线确定求解是否收敛不同，FloEFD 基于用户设置的目标进行收敛判定。由此，可以保证用户所关注区域和参数的准确性，同时也保证了收敛的可靠性。图 2-5 所示为 FloEFD 求解收敛监控窗口。

　　通过 FloEFD 的参数化研究功能，可以快速地进行多方案对比和方案优化设计。其方案变量不仅可以是输入热功耗、材料、环境边界条件，也可以是模型零件的长度、角度等几何模型驱动参数。图 2-6 所示为 FloEFD 中采用参数化研究（Parametric Study）功能对散热器结构进行的优化设计。

　　FloEFD 具有工程化的用户界面。FloEFD 的参数设置过程采用向导方式进行，不容易遗漏设置选项。如图 2-7 所示，求解完成之后的仿真结果可以被直接输出至 Excel 和 Word 等 Office 软件中，可以提升制作仿真报告的效率。

　　与传统的 CFD 软件相比，FloEFD 提升了企业产品研发的效率。如图 2-8 所示，如果采用传统的 CFD 软件进行产品流体流动和传热仿真分析，MCAD 软件与 CFD 软件在产品各个阶段都有交互的过程。但采用 FloEFD 进行仿真分析，MCAD 软件和 CFD 软件在同一环境中进行，没有模型数据的交互，整个产品设计研发过程被大幅缩短。

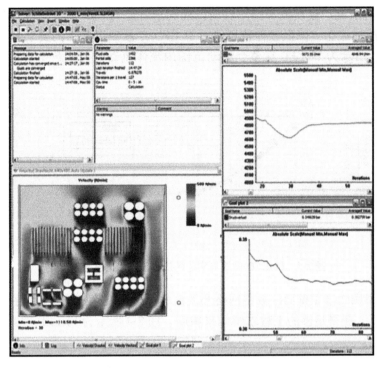

图 2-5　FloEFD 求解收敛监控窗口

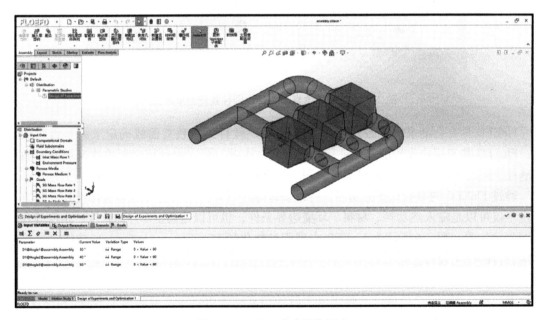

图 2-6　FloEFD 中参数化研究

图 2-9 所示为采用传统 CFD 软件和 FloEFD 进行产品分析所占用时间的差异。与传统 CFD 软件相比，FloEFD 不需要模型导入和定义流体区域两个环节，并且网格可以自动划分，所以 FloEFD 仿真分析一个产品所耗费的时间可能只有传统 CFD 软件的 25%~35%。

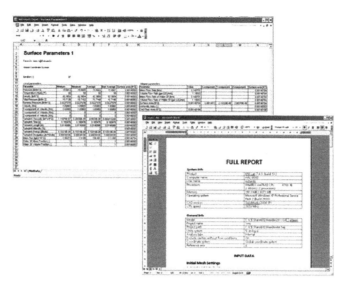

图 2-7　FloEFD 结果输出至 Excel 和 Word

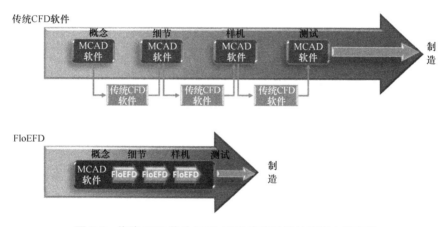

图 2-8　传统 CFD 软件与 FloEFD 在产品设计流程中的应用

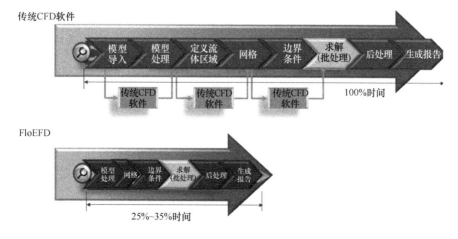

图 2-9　传统 CFD 软件与 FloEFD 进行产品仿真分析的流程

2.4 FloEFD 项目文件夹的文件结构

图 2-10 所示为 FloEFD 的仿真项目文件夹。其中 *. sldasm 和 *. sldprt 文件为 FloEFD 仿真分析的几何模型文件，并且这些文件包含了仿真项目的参数设置。文件夹 1 中包括了仿真项目的结果数据。

图 2-10　FloEFD 项目文件夹

图 2-11 所示为文件夹 1 中的仿真结果文件。其中 1. fld 文件为求解计算的结果文件，r_000000. fld文件为求解计算初始的结果文件，1. stdout 文件为求解计算的日志文件，1. cpt 为求解计算的网格结果文件，1. cpt. stdout 为求解计算网格的日志文件。如果在求解计算前设置了切面云图和表面云图等后处理，则仿真结果文件夹中会出现 *. xls 和 *. jpg 等文件。

图 2-11　仿真结果文件夹

2.5　FloEFD 软件安装和许可证配置

2.5.1　FloEFD 支持的操作系统和计算机硬件配置

FloEFD 2022.1 版本有支持不同主流 CAD 软件 Creo、CATIA、SolidWorks、Solid Edge 和 NX 的版本。本节内容基于 FloEFD 2022.1 Standalone（嵌入至 SolidWorks）版本，其所支持的操作系统和计算机最低硬件配置如下：

1）Microsoft Windows 10 Pro or Enterprise 64bit（tested with v1909）。

2）Microsoft Windows Server 2012，Microsoft Windows Server 2012 R2，Microsoft Windows Server 2016，Microsoft Windows Server 2019，Microsoft Windows Server 2016 with HPC Pack 2016，Microsoft Windows Server 2019 with HPC Pack 2019，RHEL 7.3，RHEL 7.6，RHEL 7.9，RHEL 8.4，SUSE SLES 11 SP4，SUSE SLES 12 SP5 只支持求解器。

3）Microsoft Office 365，Microsoft Office 2019，Microsoft Office 2016，Microsoft Office 2013。

4）Hyperlynx SI PI Thermal v2.8.1 和更新版本。

5）至少 8GB 的内存，更多内存空间会更好。

6）至少 8GB 的硬盘可用空间，更多硬盘可用空间会更好。

2.5.2　FloEFD 2022.1 软件的安装

如图 2-12 所示，双击 FloEFD 2022.1 版本程序安装文件夹中的 Setup 文件。

图 2-12　FloEFD 2022.1 版本程序安装文件夹

如图 2-13 所示，单击安装界面中的"安装 FloEFD"。

图 2-13　FloEFD 安装界面（1）

如图 2-14 所示，在弹出的 FloEFD 安装界面中，单击"下一步"按钮。

如图 2-15 所示，在弹出的 FloEFD 安装界面中，设置"用户姓名"和"单位"信息。

图 2-14　FloEFD 安装界面（2）

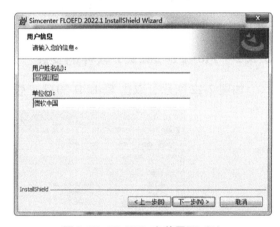

图 2-15　FloEFD 安装界面（3）

如图 2-16 所示，在弹出的 FloEFD 安装界面中，直接单击"下一步"按钮。此处可以暂时不设置许可证的位置。

如图 2-17 所示，在弹出的 FloEFD 安装界面中，选择 FloEFD 的安装路径，注意安装路径中不要包含中文字符，并且单击"下一步"按钮。

如图 2-18 所示，在弹出的 FloEFD 安装界面中，指定远程求解器临时文件的目录和端口号，并且单击"下一步"按钮。

如图 2-19 所示，在弹出的 FloEFD 安装界面中，选择"完整安装"，并且单击"下一步"按钮。

如图 2-20 所示，在弹出的 FloEFD 安装界面中，单击"安装"按钮。

图 2-21 所示为 FloEFD 程序正在安装的界面。

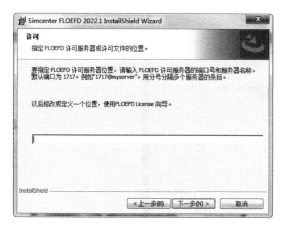

图 2-16 FloEFD 安装界面（4）

图 2-17 FloEFD 安装界面（5）

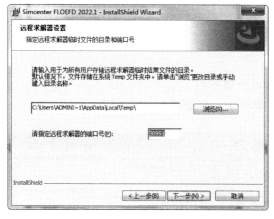

图 2-18 FloEFD 安装界面（6）

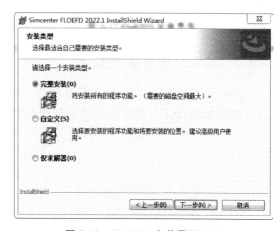

图 2-19 FloEFD 安装界面（7）

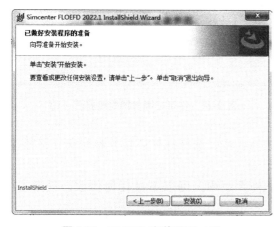

图 2-20 FloEFD 安装界面（8）

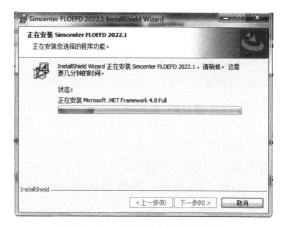

图 2-21 FloEFD 安装界面（9）

如图 2-22 所示，在弹出的 FloEFD 安装界面中，单击"完成"按钮，完成 FloEFD 软件的安装。

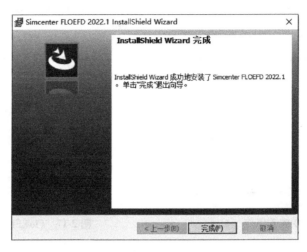

图 2-22　FloEFD 安装界面（10）

2.5.3　许可证服务器的安装

如图 2-23 所示，单击安装界面中的"安装许可证服务器"。

如图 2-24 所示，在弹出的许可证服务器安装界面中，单击"Next"按钮。

图 2-23　安装界面（1）

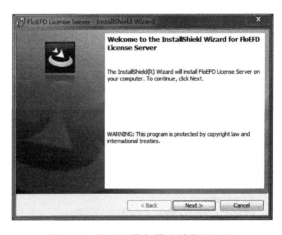

图 2-24　许可证服务器安装界面（1）

如图 2-25 所示，在弹出的许可证服务器安装界面中，选择许可证服务器的安装路径，并且单击"Next"按钮。

如图 2-26 所示，在弹出的许可证服务器安装界面中，可以不做任何修改，只单击"Next"按钮。

如图 2-27 所示，在弹出的许可证服务器安装界面中，单击"Install"按钮。

如图 2-28 所示，在弹出的许可证服务器安装界面中，单击"Finish"按钮。

如图 2-29 所示，单击安装界面中的"退出"按钮，完成许可证服务器的安装。

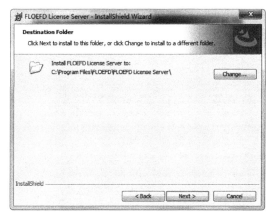

图 2-25　许可证服务器安装界面（2）

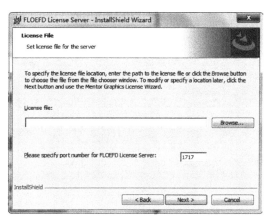

图 2-26　许可证服务器安装界面（3）

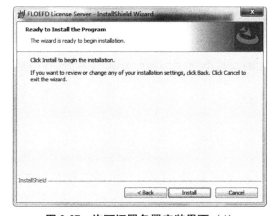

图 2-27　许可证服务器安装界面（4）

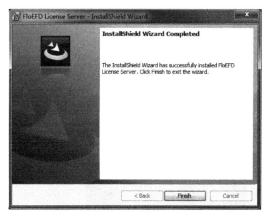

图 2-28　许可证服务器安装界面（5）

2.5.4　FloEFD 2022.1 单机版或网络浮动版服务器许可证的安装

以文本形式打开许可证文件，如图 2-30 所示，将 FloEFD 软件安装计算机名替代许可证文件中的 put_server_name_here。

图 2-29　安装界面（2）

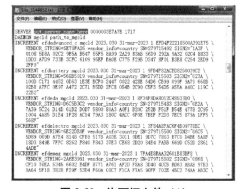

图 2-30　许可证文件（1）

如图 2-31 所示，将 MGCLD 文件所在路径替换许可证文件中的 path_to_mgcld，并且对路径加引号。默认路径为 "C：\Program Files（x86）\MentorGraphics\FloEFD License Server\Bin"。

图 2-32 所示为修改之后的许可证文件示例。

图 2-31 许可证文件（2）

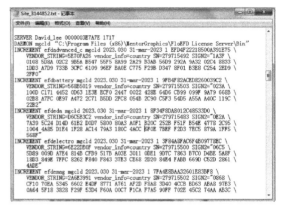

图 2-32 许可证文件（3）

如图 2-33 所示，单击 "开始"→"所有程序"→"FloEFD" 下的 License Wizard。

如图 2-34 所示，在弹出的 License Wizard 界面中，单击 "下一步" 按钮。

图 2-33 License Wizard

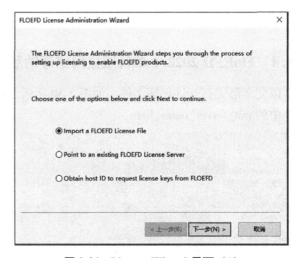

图 2-34 License Wizard 界面（1）

如图 2-35 所示，在弹出的 License Wizard 界面中，单击 "下一步" 按钮。

如图 2-36 所示，在弹出的 License Wizard 界面中，单击 "Browse" 按钮，如图 2-37 所示，找到之前修改的许可证文件，并且单击 "打开" 按钮。

如图 2-38 所示，在弹出的 License Wizard 界面中，单击 "下一步" 按钮。

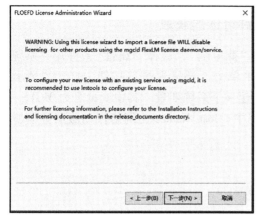

图 2-35　License Wizard 界面（2）

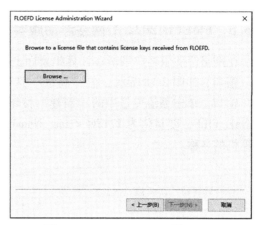

图 2-36　License Wizard 界面（3）

图 2-37　打开许可证文件

图 2-38　License Wizard 界面（4）

如图 2-39 所示，在弹出的 License Wizard 界面中，单击"Install and Start License Service"按钮。

如图 2-40 所示，在弹出的 License Wizard 界面中，单击"完成"按钮，完成单机版或网络浮动版服务器许可证的安装。

图 2-39　License Wizard 界面（5）

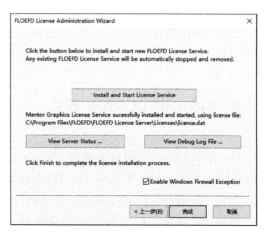

图 2-40　License Wizard 界面（6）

2.5.5 FloEFD 2022.1 网络浮动版客户端许可证的获取

在网络浮动版客户端所在计算机桌面上右击"此电脑",选择"属性",打开"系统属性"窗口,如图 2-41 所示,在"高级"选项卡中单击"环境变量"按钮,打开"环境变量"窗口。单击系统变量中的"新建"按钮,新建一个系统变量。其中变量名为 MGLS_LI-CENSE_FILE,变量值为 1717@ <Host_Name>,其中<Host_Name>为网络浮动版服务器所在计算机的名称。

图 2-41 环境变量设置

单击各个窗口中的"确定"按钮,完成网络浮动版客户端的许可证获取。

2.6 FloEFD 软件模块

FloEFD 软件可以搭配不同的模块,以扩充软件的仿真分析能力。具体的软件模块有 Electronics Cooling、LED、HVAC、Advanced、EDA Bridge、T3ster Automatic Calibration 等。

2.6.1 Electronics Cooling 模块

1. 介绍

Electronics Cooling 模块主要使 FloEFD 软件能方便和精确地进行电子设备的热仿真分析。Electronics Cooling 模块可以使 FloEFD 在仿真功能、简化模型和数据库数据三个方面有所增强。通过 Electronics Cooling 模块,FloEFD 可以仿真电流经过固体材料时的焦耳发热现象,并且增加了双热阻、PCB 和热管简化模型。此外,在工程数据库中加入了风扇、IC 封装、TEC、导热界面材料、元件双热阻参数和电子行业材料等数据。

2. 焦耳发热

通过使用 Electrical Source，可以进行电流经过固体材料时的焦耳发热现象仿真。单击 Flow Analysis→Insert→Electrical Source，如图 2-42 所示，打开 Electrical Source 窗口。其中 Type 选择区域用于确定电气条件的类型。Selection 选择区域用于确定电气条件应用的模型几何面。Value 设置区域用于设置相应的电气条件参数值。

某电感引线两端分别设置了 0V 和 0.25V 的 Electrical Source，图 2-43 所示为电感在环境温度 20℃时的表面温度云图。

图 2-42 Electrical Source 窗口

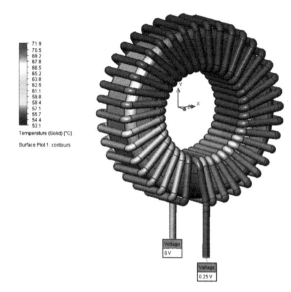

图 2-43 电感表面温度云图

3. 简化模型

（1）双热阻

通过使用双热阻简化模型，可以简化电子设备中的电子封装器件。电子设备中的电子封装器件可以通过两个扁平的固体块来替代。其中一个扁平块为器件的结点，另外一个扁平块为器件的外壳。

单击 Flow Analysis→Insert→Two-Resistor Component，如图 2-44 所示，打开 Two-Resistor Component 窗口。其中，Selection 选择区域的第一个选项用于选择双热阻模型的顶面，第二个选项用于选择双热阻模型的实体。Component 可以选择数据库中预定义或新建的双热阻特性参数。Source 设置双热阻元件的热功耗。Solid Parameters 设置双热阻模型的初始计算温度。

（2）PCB

通过使用 PCB 简化模型，可以简化电子设备中的 PCB。电子设备中结构复杂的 PCB 可以通过一个固体块来替代。

单击 Flow Analysis→Insert→Printed Circuit Board，如图 2-45 所示，打开 Printed Circuit Board 窗口。其中 Selection 选择区域用于选择替代 PCB 的固体块。Printed Circuit Board 可以选择数据库中预定义或新建的 PCB 特性参数。

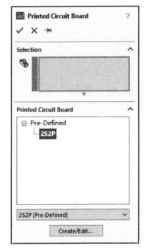

图 2-44　Two-Resistor Component 窗口　　　　图 2-45　Printed Circuit Board 窗口

（3）热管

通过使用热管简化模型，可以简化电子设备中的热管。电子设备中结构复杂的热管可以通过一个固体块来替代。

单击 Flow Analysis→Insert→Heat Pipe，如图 2-46 所示，打开 Heat Pipe 窗口。其中 Selection 选择区域用于确定替代热管的几何模型、热端面和冷端面。Effective Thermal Resistance 为热管冷热端面之间的热阻值。

4. 电子行业数据库

如图 2-47 所示，在有 Electronics Cooling 模块的工程数据库中，会有 Printed Circuit Board 和 Two-Resistor Component 两类特性参数。增加超过 1000 个的风扇数据、材料数据和导热界面材料数据等。

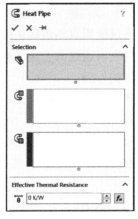

2.6.2　LED 模块

1. 介绍

图 2-46　Heat Pipe 窗口

LED 模块主要使 FloEFD 软件能方便和精确地进行 LED 产品的热仿真分析。LED 模块使 FloEFD 在仿真功能、简化模型和数据库数据三个方面有所增强。通过 LED 模块，FloEFD 可以进行半透明材料对于入射电磁波进行选择性吸收等物理现象的仿真分析，并且增加了

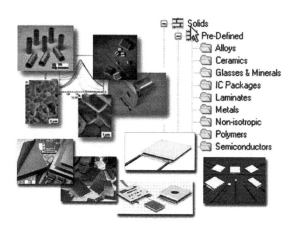

图 2-47　Electronics Cooling 模块在工程数据库中增加的特性数据

LED 和 PCB 简化模型。此外，在工程数据库中加入了风扇、LED、辐射光谱和材料等数据。

2. 仿真功能

（1）蒙特卡罗辐射模型

蒙特卡罗射线跟踪法是一种统计方法。采用这种分析方法，在一个特定环境中特定辐射表面的宏观行为通过辐射表面（或吸收介质）微观级别的行为统计模型得到。因此，将会从辐射表面或吸收介质发出射线，之后记录这些射线运行的轨迹。此方法可以模拟介质随入射电磁波波谱变化的吸收。射线数目越多，求解结果越精确。

（2）离散坐标辐射模型

离散坐标法的思想为假定在空间一确定立体角内辐射强度均匀，然后将立体角划分为若干离散的角度，对每一个离散的角度方向将辐射传递方程转化为一个偏微分方程进行求解，不同离散方向的辐射强度通过源项耦合在一起。此方法可以用于求解半透明介质随入射波谱变化的吸收特性。其求解的准确性与离散角度的数量有关。此辐射模型适用于没有集中辐射源和低温的场合（电子设备散热）。

（3）LED 特性

如图 2-48 所示，如果 LED 封装通过 LED 简化模型的 RC 热阻模型进行建模，则不仅可以得到 LED 的结点温度，还可以获取 LED 的热功耗和光通量。

3. 简化模型

（1）LED

通过使用 LED 简化模型和一个实体几何模型，可以简化 LED 的几何模型。

单击 Flow Analysis→Insert→LED，如图 2-49 所示，打开 LED 窗口。其中 Selection 选择区域用于确定替代 LED 的几何模型、顶面和底面。LED 选择区域用于选择数据库中预定义或新建的 LED 特性参数。Heat Power 或 Forward Current 为 LED 工作时的特性参数。Solid Parameters 为初始的固体温度。

（2）PCB

通过使用 PCB 简化模型，可以简化 LED 系统中的 PCB。LED 系统中结构复杂的 PCB 可以通过一个固体块来替代。

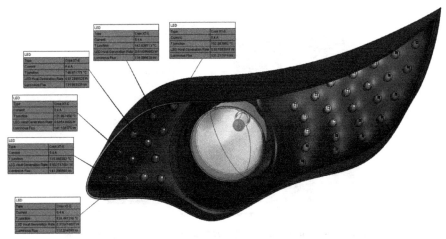

图 2-48　基于 LED 简化模型的 LED 仿真结果

单击 Flow Analysis→Insert→Printed Circuit Board，如图 2-50 所示，打开 Printed Circuit Board 窗口。其中 Selection 选择区域用于选择替代 PCB 的固体块。Printed Circuit Board 可以选择数据库中预定义或新建的 PCB 特性参数。

图 2-49　LED 窗口

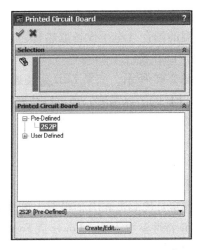

图 2-50　Printed Circuit Board 窗口

4. LED 行业数据库

在具有 LED 模块的工程数据库中，会有 LED、PCB 和 Radiation Spectra 三类特性参数，会增加风扇的特性数据和材料的特性参数。

2.6.3　HVAC 模块

1. 介绍

FloEFD 的 HVAC 模块用于进行更为专业的建筑内部的供热、空气调节和通风仿真分析。其增加了蒙特卡罗和离散坐标两种辐射模型，并且在工程数据库中加入了建筑相关的材料数据。图 2-51 为 FloEFD 中通过 HVAC 模块得到的室内气流和温度仿真结果。

图 2-51　基于 HVAC 模块得到的室内气流和温度仿真结果

2. 仿真功能

（1）蒙特卡罗辐射模型

蒙特卡罗射线跟踪法是一种统计方法。采用这种分析方法，在一个特定环境中特定辐射表面的宏观行为通过辐射表面（或吸收介质）微观级别的行为统计模型得到。因此，将会从辐射表面或吸收介质发出射线，之后记录这些射线运行的轨迹。此方法可以模拟介质随入射电磁波波谱变化的吸收。射线数目越多，求解结果越精确。

（2）离散坐标辐射模型

离散坐标法的思想为假定在空间一确定立体角内辐射强度均匀，然后将立体角划分为若干离散的角度，对每一个离散的角度方向将辐射传递方程转化为一个偏微分方程进行求解，不同离散方向的辐射强度通过源项耦合在一起。此方法可以用于求解半透明介质随入射波谱变化的吸收特性。其求解的准确性与离散角度的数量有关。此辐射模型适用于没有集中辐射源和低温的场合（电子设备散热）。

3. 舒适性结果参数

为了提供人员的舒适性参数和通风系统的效率，FloEFD 软件提供了以下与暖通相关的参数：Predicted Mean Vote（PMV）、Predicted Percent Dissatisfied（PPD）、Operative Temperature、Draft Temperature、Air Diffusion Performance Index（ADPI）、Local Air Quality Index（LAQI）、Contaminant Removal Effectiveness 和 Flow Angle（X、Y 和 Z）。

4. HVAC 行业数据库

在具有 HVAC 模块的数据库中，在 Materials 的 Pre-Defined Solids 下会有一个 Building

Materials 的数据库文件，其中包括了水泥、木头和玻璃等建筑行业常用的材料。

2.6.4 Advanced 模块

1. 介绍

FloEFD 的 Advanced 模块主要用于增强软件的仿真功能，通过 Advanced 模块可以进行气相混合物燃烧的仿真和分析，同时在工程数据库中也会增加多种燃料和助燃剂的数据。此外，Advanced 模块也可以进行高超音速流动仿真。

2. 仿真功能

（1）燃烧仿真

基于 Advanced 模块，可以仿真分析两种预混的燃料和助燃剂在特定条件下的燃烧。如图 2-52 所示，汽油和空气在 140℃ 温度下进行预混，并以 50m/s 的速度经过火焰稳定器。图 2-53 所示为火焰稳定器后部的温度场分布。

预混温度140℃
燃料-汽油
助燃剂-空气

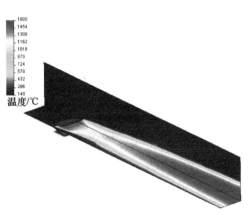

图 2-52　汽油和空气在 140℃温度下进行预混　　　**图 2-53　火焰稳定器后部的温度场分布**

（2）高超音速流动仿真

Advanced 模块可以仿真分析物体在马赫数 5~30 范围内运动引起的热效应。飞行器在进行高超音速飞行时，由于激波压缩和黏性阻滞，在飞行器表面附近流场将出现高温。随着温度的提高，气体分子内部振动自由能先是被激发，然后发生离解、电离等化学反应，这些均为高温真实气体效应。分析高温真实气体效应对于流场的影响，进而准确计算出气动热是飞行器设计的关键问题。

图 2-54 所示为某半角锥在迎角 20°、运动速度 6 马赫和 293K 温度下的周围马赫数和温度场分布。

2.6.5 EDA Bridge 模块

图 2-55 所示为 EDA Bridge 模块界面。EDA Bridge 可以快速方便地将外部 PCB 的内部铜层数据等信息导入至 FloEFD 软件中，以得到更高精度的仿真分析结果。在这个模块中，可以对 PCB 进行处理，选择简化、详细或真实的 PCB 模型。其中简化 PCB 模式是将 PCB 作为一个各向异性的材料。详细 PCB 模型是将 PCB 的每一层单独进行材料特性设置。真实的 PCB 是保留了 PCB 内部对于散热有影响的走线、铜层和热过孔等信息。

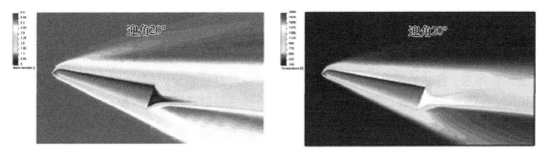

图 2-54　马赫数（左）和温度场（右）分布

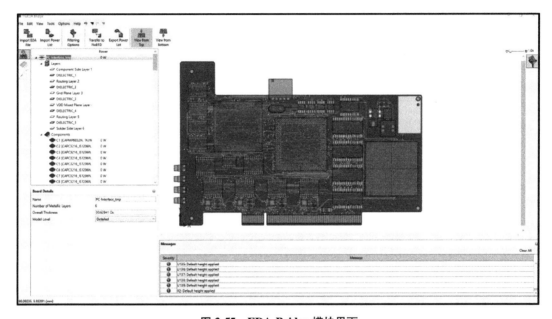

图 2-55　EDA Bridge 模块界面

该模块支持 IDF、CC 和 CCE（Xpedition 和 PADS 输出文件）、ODB++等不同格式的 PCB 文件数据。如图 2-56 所示，其中 CCE 和 ODB++文件包含了 PCB 内部详细的铜层分布和走线信息，对于精确进行 PCB 热分析有重要影响。

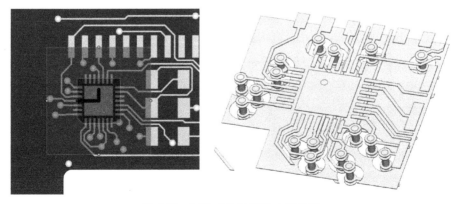

图 2-56　PCB 内部铜层和走线信息

2.6.6 T3ster Automatic Calibration

T3ster Automatic Calibration 模块主要用于根据 T3ster 的测试数据校核热仿真详细模型。如图 2-57 所示，校核的过程是自动化进行的，可以对封装芯片内部的热导率、比热容、密度和尺寸等信息进行校核。帮助用户获得一个精确的热仿真模型，以便获得有效的热仿真结果。

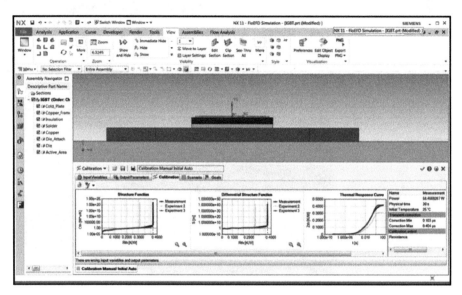

图 2-57　T3ster Automatic Calibration 模块界面

第 3 章

几何模型准备

3.1 背景

对于任何 CFD 仿真分析而言，几何模型是整个仿真分析的基础和开始。但是用于产品生产目的的 MCAD 几何模型与进行 CFD 仿真分析的模型有着明显的差异。如果 MCAD 模型数据要用于产品的生产和加工，则模型数据会包括所有的细节和信息，避免产品在生产过程中出现不确定性。一个包括了详细信息的 MCAD 模型数据在 MCAD 软件中运行也可能是非常缓慢的。如果直接将用于生产目的的 MCAD 模型进行 CFD 仿真分析，通常会耗费大量的计算机资源和时间。为了提升 CFD 仿真分析的效率，通常 CFD 仿真的模型数据都会做一定简化和处理，仅保留对于 CFD 仿真结果有影响的细节和信息。将一个详细 MCAD 模型简化为适合仿真分析模型的工作既需要一定经验技巧，又取决于 MCAD 模型数据的类型。

对于一个三维的 CFD 仿真分析而言，我们必须采用三维的 MCAD 模型数据。通常 MCAD 模型数据可以被分为原始 MCAD 数据和中间格式 MCAD 数据。由于 FloEFD 软件被完全嵌入 SolidWorks、Solid Edge、Creo、CATIA V5 和 NX 等软件中，所以原始 MCAD 数据是指 SolidWorks、Solid Edge、Creo、CATIA V5 和 NX 等软件直接创建和保存的模型数据。通常这类 MCAD 数据包含的信息非常全面，模型的参数化定义、完整的建模过程、基准面，以及隐藏和压缩项都包括在其中。在对这类 MCAD 数据进行简化和处理时具有很大的便利性和高效性。STEP、SAT、X_T、IGES 和 Parasolid 等格式 MCAD 数据称之为中间格式数据。由于中间格式数据不包括模型的参数化定义和完整的建模过程等信息，所以中间格式的 MCAD 数据的简化和修改比较麻烦。另外，MCAD 软件在读取中间格式的 MCAD 数据时，也容易引起模型数据错误。

3.2 FloEFD 仿真模型数据要求

FloEFD 只能对 SolidWorks、Solid Edge、Creo、CATIA V5 和 NX 等软件的装配体模型数据进行仿真分析。即便是 FloEFD 软件导入 STEP、SAT、X_T、IGES 和 Parasolid 等中间格式数据，也需要另存为装配体模型数据。此外，装配体模型数据必须为实体才可以进行仿真分析。

对于实体的装配体模型数据而言，零件的相互接触也要符合一定要求。如图 3-1 所示，FloEFD 不允许零件之间为点接触或线接触，软件中将这两种接触称之为无效接触。FloEFD 的 Check Geometry 功能可以自动地标识和解决这些无效接触。

如图 3-2 所示,如果仿真项目的分析类型为内部(Internal)分析,则几何模型必须封闭。因为软件需要自动识别流体区域。如果内部分析的模型数据不封闭,在设置边界条件时会出现图 3-3 所示的错误提示,其原因是软件无法识别流体所在的区域。

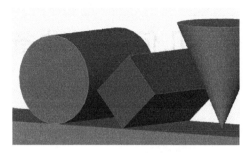

图 3-1 FloEFD 中的无效接触

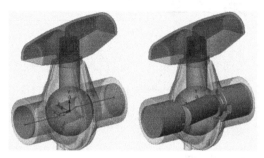

图 3-2 FloEFD 中内部(Internal)分析

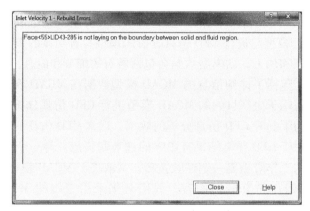

图 3-3 内部分析时数据模型不封闭

通过 FloEFD 的 Check Geometry(Leaks Tracking)功能,可以找到不封闭开口或缝隙所在的位置。

3.3 原始 MCAD 数据准备

SolidWorks、Solid Edge、Creo、CATIA V5 和 NX 等软件的原始 MCAD 装配体数据有 *.sldasm、*.asm、*.catproduct 和 *.prt 等格式。对于这些 MCAD 数据可以直接采用压缩(Suppress)、替代(Replace)、失效(Disable)和删除(Delete)等命令进行模型的简化和修改。

压缩是 MCAD 软件一个非常有用的模型简化命令,通过这个命令可以去除一些 CFD 分析不必要的特征,在需要时也可以快速恢复这些特征。如图 3-4 所示,通过 MCAD 软件中的压缩命令,可以快速去除零件上的螺纹。通过压缩命令,可以将倒角、螺纹、孔等不影响 CFD 分析结果的特征快速去除。

替代是 MCAD 软件中另外一个非常有用的模型简化命令,通过这个命令可以将一些复杂零件以简单的形式进行体现。如图 3-5 所示,左侧零件上具有孔、倒角和缝隙等多个特征,如果采用压缩命令需要对所有这些特征都进行压缩,可能获得基础零件模型。采用替代命令，可以直接用图 3-5 中右侧简化零件替代左侧复杂零件。通过替代命令，可以将打孔板、风扇、水泵和 PCB 等复杂模型进行快速简化。

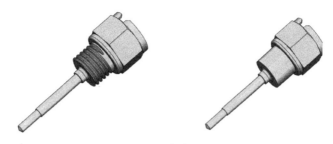

图 3-4　压缩命令的应用

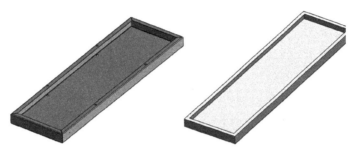

图 3-5　替代命令的应用

MCAD 软件中还有一个失效的模型简化命令，通过这个命令可以使一些零件不参与到 CFD 的仿真分析过程中，但是几何模型上可以看到这些零件。换而言之，这些失效的零件仅仅存在于视觉效果上。如图 3-6 所示，通过失效命令，可以使螺母、螺栓、垫片、紧固螺钉等零件不参与 CFD 仿真分析。

图 3-6　失效命令的应用

3.4　中间格式 MCAD 数据准备

如果只能采用 STEP、SAT、IGES 和 Parasolid 等中间格式 MCAD 数据进行交互，建议 MCAD 软件在输出这些中间格式数据之前，先对几何模型数据进行简化。

如图 3-7 所示，一个 IGES 数据格式的模型文件被输入至 FloEFD（SolidWorks 版本）中。这个发动机气缸盖的模型之前是以实体形式的 IGES 格式输出，但是在导入至 FloEFD 的过程中出现了错误。FloEFD 窗口左侧的提示窗口表明，这个模型是以表面形式被导入，并且具有多个错误。

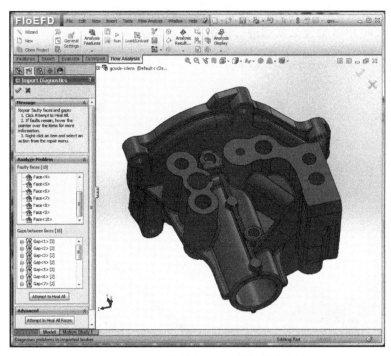

图 3-7　FloEFD 中输入 IGES 数据格式文件

如图 3-8 所示，输入的 IGES 格式数据在转换过程中出现了错误。其中一些零件转换为面，即便零件转换为实体也可能存在错误，如图 3-9 所示。

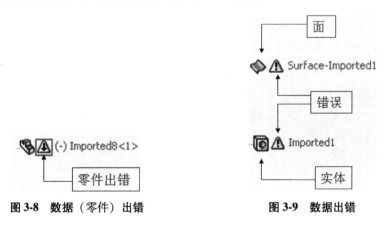

图 3-8　数据（零件）出错　　　　**图 3-9　数据出错**

如图 3-10 所示，可以分别对每一个零件进行 Import Diagnostics 操作。很多 MCAD 软件都提供了一个针对输入中间格式 MCAD 数据的自动探测和修补工具。它可以精确地标识出现错误的面和缝隙，并且通过 Attempt to Heal All Faces 和 Attempt to Heal All Gaps 命令进行自动修复。

如果软件在自动修复之后依然存在少量的错误，此时可以进行手动修复。图 3-11 所示为删除存在错误的面。或者将多个面进行缝合（Knit），并且对这些面增加一个厚度，使其成为实体。由于手动修复过程非常耗时，也可尝试输入不同中间格式文件的数据。即便同为中间格式的 MCAD 数据，Parasolid 格式的数据在导入时出错的概率要小于 STEP、SAT 和 IGES。

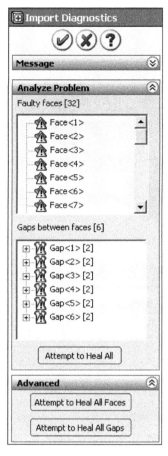

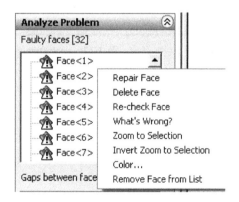

图 3-10　Import Diagnostics 窗口　　　　　　　图 3-11　手动修复

3.5　模型检查（Check Geometry）功能应用

通过模型检查（Check Geometry）命令，可以对模型数据进行检查、自动修复、自动创建封盖、创建流体区域和识别模型开口等操作。

通过 File→Open 命令，打开 The Application of Check Geometry 文件夹中的 enclosure assembly. sldasm 文件，如图 3-12 所示。

通过 Flow Analysis→Tools→Check Geometry 命令，打开 Check Geometry 窗口，如图 3-13 所示。在 Analysis Type 中选择 Internal，并且单击窗口下方的 Check 按钮。

如图 3-14 所示，模型检查结果显示作为内部分析的几何模型不封闭，无法识别流体区域。

单击图 3-14 中的 Open Leak Tracking 图标，打开 Leak Tracking 窗口，在 Start Face 中选择上壳体的外表面，在 End Face 中选择上壳体的内表面。单击 Find Connection 按钮，两个表面之间会有一条连通路径出现，如图 3-15 所示。

仔细检测几何模型，发现在壳体侧面存在一个小孔。单击 Leak Tracking 窗口右上角的红叉，退出 Leak Tracking 窗口。单击 Check Geometry 窗口左上角的红叉，退出 Check Geometry 窗口。

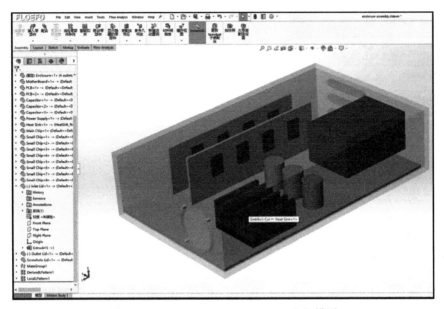

图3-12 enclosure assembly. sldasm 几何模型

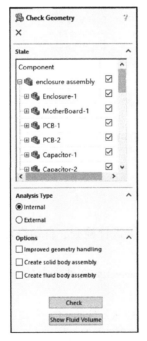

图3-13 Check Geometry 窗口

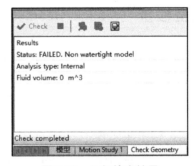

图3-14 几何检查结果

通过 Flow Analysis→Tools→Create Lids 命令，根据提示信息，选择壳体侧面的外表面，单击 Create Lids 窗口左上角绿色√，可退出 Create Lids 窗口，如图3-16所示。

通过 Flow Analysis→Tools→Check Geometry 命令，打开 Check Geometry 窗口，在 Analysis Type 中选择 Internal，并且单击窗口下方的 Check 按钮。模型检查结果显示几何模型没有问题，同时显示了流体区域和固体区域的体积。单击 Check Geometry 窗口中的 Show Fluid Volume 按钮，如图3-17所示，图形显示区域的蓝色区域为流体区域。

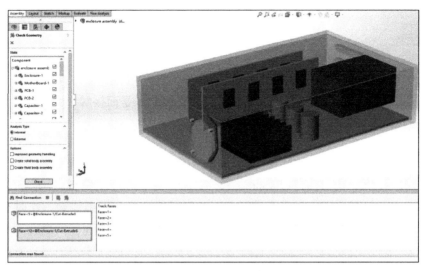

图 3-15 Leak Tracking 功能应用

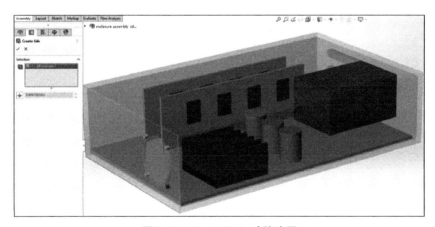

图 3-16 Create Lids 功能应用

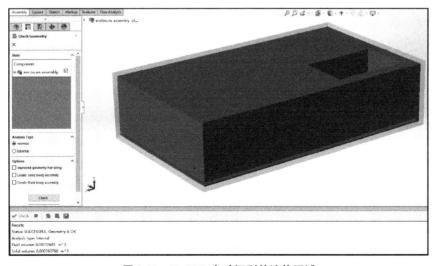

图 3-17 FloEFD 自动识别的流体区域

3.6　小结

　　FloEFD 只能对 SolidWorks、Solid Edge、Creo、CATIA V5 和 NX 等软件的装配体模型数据进行仿真分析，并且要求模型数据为实体，零件之间必须是面接触。如果仿真分析项目为内部(Internal)分析，则模型数据必须封闭。

　　基于仿真效率的考虑，几何模型数据需要进行一定的简化和处理。SolidWorks、Solid Edge、Creo、CATIA V5 和 NX 等软件的原始 MCAD 数据易于进行模型数据的简化和处理。模型简化常用的命令有压缩（Suppress）、替代（Replace）、失效（Disable）和删除（Delete）等。如果需要采用中间格式进行交互，则可能会出现模型错误，此时需要通过软件自动或人为手动修改。相对而言，Parasolid 格式的数据在导入时出错的概率要小于 STEP、SAT 和 IGES。

　　通过软件的模型检查（Check Geometry）功能，可以对模型数据进行检查、自动修复、自动创建封盖、创建流体区域和识别模型开口等操作。

第 4 章

仿真分析基础

4.1 向导设置

图 4-1 所示为 Wizard-Project Name 窗口。Project 设置区域用于确定 FloEFD 项目的名称，以及添加项目注释性文字。Configuration to add the project 设置区域用于确定 FloEFD 项目匹配的几何模型配置。Configuration 为 Use Current 时，FloEFD 项目将被应用至当前打开的几何模型配置。当 Configuration 为 Select 时，通过 Configuration name 选择 FloEFD 项目匹配的几何模型配置。当 Configuration 为 Create New 时，可以创建一个新的几何模型配置，并且通过 Configuration name 设置此配置的名称。

图 4-1　Wizard-Project Name 窗口

图 4-2 所示为 Wizard-Unit System 窗口，该窗口用于定义 FloEFD 项目中参数的单位。除了可以选择预定义的单位系统之外，也可以自定义创建新的单位系统。

图 4-3 所示为 Wizard-Analysis Type 窗口，该窗口用于确定仿真分析的类型和相关特性。在 FloEFD 项目中，首先需要确定分析是 Internal 还是 External。Internal 表示着流体流动受物体边界面限制，例如管道、建筑、阀门内部流体流动。External 表示流体流动不受物体边界面限制，仅以计算域边界为限制的流动。此时，物体模型完全被流体所包围，例如，汽车、

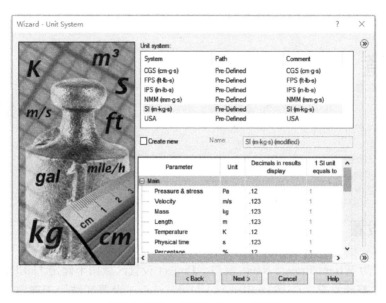

图 4-2　Wizard-Unit System 窗口

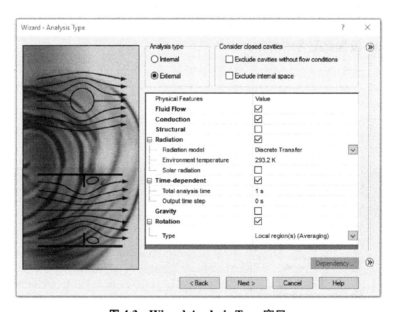

图 4-3　Wizard-Analysis Type 窗口

飞机外部流体流动。对于同时需要分析内部流动和外部流动的项目，需要采用 External，例如，同时分析汽车内外部流场。

Physical Features 用于设置仿真分析涉及的物理现象。Fluid Flow 选项用于确定仿真分析是否考虑流体流动，如果不勾选此项则仿真项目不考虑流体流动，同时后续设置中也不会出现与流体相关的设定选项。Conduction 选项用于确定仿真分析是否考虑热传导，如果不勾选此项则仿真项目不会进行热传导计算，同时后续设置中也不会出现与固体材料相关的设定选项。Radiation 选项用于确定是否仿真项目考虑热辐射和太阳辐射计算。在选择 Radiation 之后，可以通过 Radiation Model 选择辐射模型。通过 Environment temperature 设置环境辐射温度。如果仿真项目涉及太阳辐射，可以选择 Solar radiation，并且设置相关特性参数。当仿真项目为瞬态分析时，可以选择 Time-dependent，Total analysis time 为瞬态仿真分析时间，Output time step 为仿真结果输出的时间步。当仿真分析需要考虑重力效应时，可以选择 Gravity，并且设置重力加速度方向和数值。在进行一些旋转机械的分析时，可以选择 Rotation。Reference axis 为基于全局坐标系的参考轴。柱坐标系统 Dependency 窗口中将数据定义为表格或公式时的参考轴。

图 4-4 所示为 Wizard-Default Fluid 窗口，该窗口用于设置仿真项目中包含的流体。此窗口只有在 Wizard-Analysis Type 中选择 Fluid Flow 后才会出现。FloEFD 中可以同时包含多种流体，但流体与流体之间必须用物体完全隔绝。但不同浓度的流体可以进行混合。Flow Type 中确定了仿真项目的流体流态。通常情况下建议选择 Laminar and Turbulent，软件会自动进行流体流态的判别，但相应的计算时间会更长。如果仿真项目内的流体流速为稳态分析马赫数大于 3，瞬态分析马赫数大于 1，则需要选择 High Mach Number flow 选项。如果仿真项目需要考虑气体中包含水汽的分析，则需要选择 Humidity。

图 4-4　Wizard-Default Fluid 窗口

图 4-5 所示为 Wizard-Default Solid 窗口，该窗口用于设置仿真项目中固体的默认材料。此窗口只有在 Wizard-Analysis Type 中选择 Conduction 后才会出现。可以直接从预定义或用户定义数据库中选择现有材料，也可以通过 New 按钮新建材料，并且作为默认固体材料。注意，默认固体材料的优先级最低，后期通过 Solid Materials 创建的材料优先级更高。

图 4-6 所示为 Wizard-Wall Conditions 窗口。该窗口用于设置壁面条件。Roughness 可以设置表面粗糙度。如果在 Wizard-Analysis Type 窗口中勾选 Radiation，则此窗口可以通过 Default wall radiative surface 设置默认辐射表面。如果在 Wizard-Analysis Type 窗口选择 Internal 分析类型，则此窗口可以通过 Default outer wall thermal condition 设置换热系统、换热量等壁面边界条件。

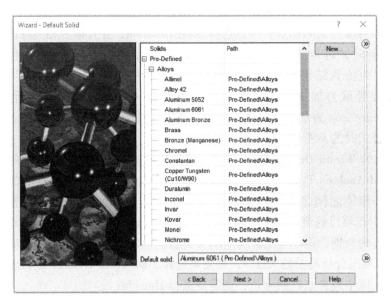

图 4-5　Wizard-Default Solid 窗口

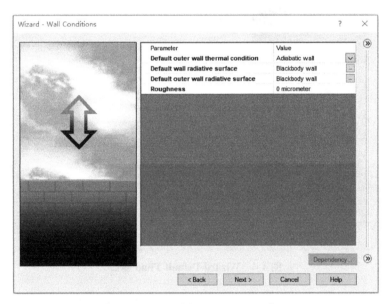

图 4-6　Wizard-Wall Conditions 窗口

　　图 4-7 所示为 Wizard-Initial and Ambient Conditions 窗口。该窗口用于设置仿真项目的初始和环境边界条件。Thermodynamic Parameters 中可以通过定义压力、环境或流体密度方式确定环境边界条件。如果仿真分析考虑重力效应，则应选择 Pressure Potential。Velocity Parameters 用于定义求解域边界处的绝对速度或马赫数。Turbulence Parameters 确定了项目具有湍流流动时，湍流流动的特征参数，通常情况下不需要做改动。在 Wizard-Analysis Type 中选择 Conduction 之后，需要在 Solid Parameters 中设置默认的固体初始温度。通常情况下其数值与 Thermodynamic Parameters 中的 Temperature 一致即可。

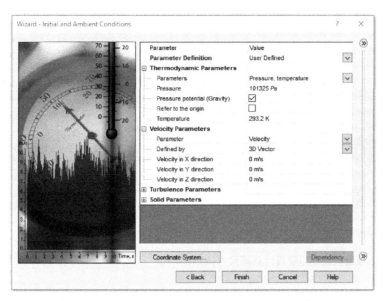

图 4-7　**Wizard-Initial and Ambient Conditions 窗口**

4.2　计算域

4.2.1　背景

计算域是进行流动和换热计算的区域，其应包括与关注结果相关的所有物体和环境。但计算域的尺寸并非越大越好，无意义地放大计算域会造成求解计算时间的延长和计算资源的浪费。在流动与热仿真领域，一个合理的计算域既包含了所有影响系统设备热和流动状况的物体和环境，又合理地控制了计算的规模和时间。

4.2.2　FloEFD 中计算域设置

对于分析类型（Analysis Type）为 External 的项目而言，计算域的边界平面会远离几何模型。图 4-8 所示为通过自然对流冷却的灯具，在重力方向上计算域的尺寸为 $4A$，计算域上部边界与灯具上边缘的距离为 $2A$，其中 A 为灯具沿重力方向的尺寸。在垂直于重力的方向上，计算域边界与灯具侧边缘的距离为 $0.5B$，其中 B 为灯具在垂直于重力方向上的尺寸。

对于分析类型（Analysis Type）为 Internal 的项目，通常情况下计算域的边界平面与几何模型的边界重合。图 4-9 所示为一强迫对流冷却的设备，其计算域边界与设备外壳外表面相重合。

如图 4-10 所示，右击 FloEFD 模型树中的

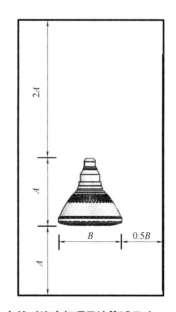

图 4-8　**自然对流冷却项目计算域尺寸**

Computation Domain，在弹出的菜单中选择 Edit Definition，如图 4-11 所示，打开 Computational Domain 窗口。

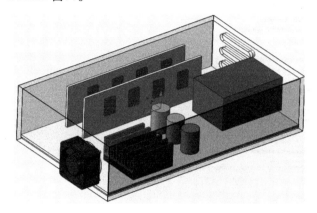

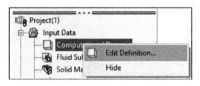

图 4-9　强迫对流冷却项目计算域尺寸　　　　　　图 4-10　FloEFD 模型树

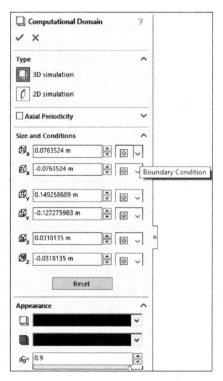

图 4-11　Computational Domain 窗口

其中 Type 用于确定计算域的形式。Size and Conditions 用于确定计算域的边界和计算域的边界条件。在每个边界的 Boundary Condition 下拉菜单中，可以选择 Default、Symmetry 和 Periodicity 边界条件。Appearance 用于确定求解域边界线和面的颜色，以及透明度。

实际操作中，输入计算域尺寸数据较为不便。如图 4-12 所示，选中 Computational Domain 后会显示当前计算域，鼠标拖动计算域边界对应的箭头即可快速调整计算域的尺寸。若按住 Shift 键的同时拖动箭头，则可以同时改变两侧计算域的尺寸。

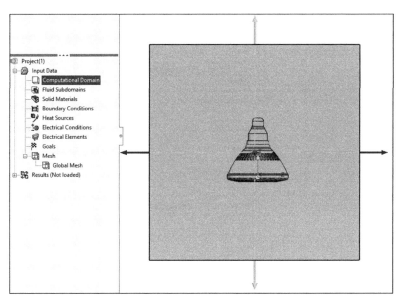

图 4-12　快速修改计算域尺寸

4.3　边界条件

4.3.1　背景

边界条件可以被认为是系统在去除周边环境之后，可以保持该系统不变所应附加的条件。在流动与热仿真分析领域，边界条件可以被定义为计算域边界上所求解变量或其一阶导数随位置或时间变化的规律[1]。因此，边界条件是使 CFD 问题有定解的必要条件。通常情况下，边界条件的类型可以分为流动边界条件、压力边界条件、壁面边界条件、对称边界条件和周期性边界条件等。

流动边界条件是指在计算域边界上指定流动参数（如质量流量、体积流量、流速、马赫数）的情况。例如，流速边界条件给定了计算域边界上各计算节点（网格）的流速值。压力边界条件是指在计算域边界上指定压力值（静压或总压）的情况。对称边界条件是指在计算域边界上没有热量和质量的传递。周期性边界条件也称之为循环边界条件，适用于流动或热场有周期性重复出现的场合。例如，在轴流风扇中，风扇引起的空气流动可以划分为与叶片数量相等的子区域，在子区域的起始边界和终止边界就是周期性边界。

4.3.2　FloEFD 中边界条件设置

对于分析类型（Analysis Type）为 External 分析的边界条件设置，由于 External 的分析项目计算域边界远离几何模型，所以图 4-13 通过 Computational Domain 窗口设置计算域边界处的条件。Default 表明在计算域的边界上可以存在流体质量和热量的交换，并且边界上的热力状态参数（温度、压力等）采用 General Settings 窗口 Thermodynamic Parameters 中的参数（见图 4-14）。Symmetry 表明在计算域的边界上不存在流体质量和热量的交换。Periodicity 表明计算域的边界上为周期性边界条件。

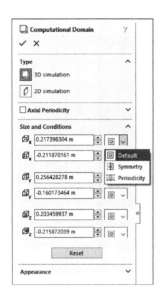

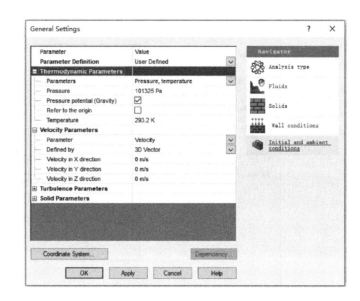

图 4-13　**Computational Domain** 窗口　　　　图 4-14　**General Settings** 窗口

　　对于分析类型（Analysis Type）为 Internal 分析的边界条件设置，由于 Internal 的分析项目计算域边界经常会与几何模型边界重合，所以经常会采用 Boundary Condition 窗口设置计算域边界处的条件。

　　单击 Flow Analysis→Insert→Boundary Condition，如图 4-15 所示，打开 Boundary Condition 窗口。Selection 设置区域用于确定应用边界条件的固体面。Type 选择区域用于确定边界条件类型。Flow Parameters 设置区域用于确定边界条件的具体数值。Thermodynamic Parameters 用于设置流体的热力学参数。Turbulence Parameters 用于设置入口流动湍流参数。对于开放的入口，可以在 Boundary Layer 下指定入口流动中的边界层参数。Goals 可以创建与此边界条件相关联的速度、压力等相关目标。

　　Type 中有 Flow Opening、Pressure Opening 和 Wall 三个选项。如果选择 Flow Opening，则可以设置入口或出口处流体的质量流量、体积流量、流速和马赫数等条件。对于入口（Inlet）流动边界条件，还可以设置入口流体的热力学参数、湍流特性和边界层参数。

　　如图 4-16 所示，Type 选择为 Pressure Opening，则可以设置入口或出口处流体的静压或总压值。同时也可以通过 Turbulence Parameters 和 Boundary Layer 设置相关特性参数。

　　如图 4-17 所示，Type 选择为 Wall，可以设置仿真模型中固体壁面的条件。Real Wall 可以定义固体壁面上的温度、热交换系数和粗糙度。通过 Wall Motion 选项，可以设置壁面上的切向速度值，用以仿真模拟壁面的平移或旋转运动。Ideal Wall 可以将所选择固体壁面定义为绝热光滑壁面。Outer Wall 可以定义 Internal 分析中与计算域边界重合壁面的热交换系数和计算域边界处的流体温度。

　　如图 4-18 所示，由于 FloEFD 中风扇可以放置在计算域的边界上，所以 External Inlet Fan 和 External Outlet Fan 也可以视作为一种边界条件。具体风扇设置，可以参考 5.1 节。

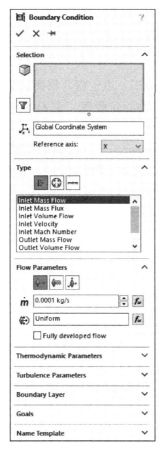

图 4-15 Boundary Condition 窗口

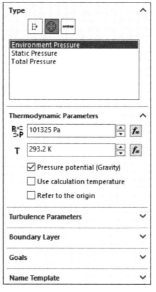

图 4-16 Type 选择为 Pressure Opening 窗口

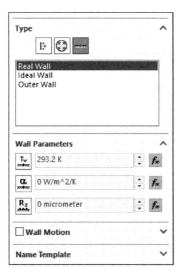

图 4-17 Type 选择为 Wall 窗口

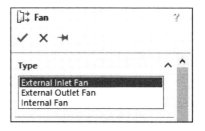

图 4-18 Fan 窗口

4.3.3 FloEFD 中边界条件设置实例

4.3.3.1 External 分析类型

如图 4-19 所示,对自然对流散热的灯具进行热仿真分析。由于需要精确计算灯具外壳与周围流体的换热特性,所以计算域的边界与灯具之间存在一定距离。在 FloEFD 中将这类分析称之为 External。

在 FloEFD 模型树中鼠标右键单击 Computational Domain,并且在弹出的菜单中选择 Edit Definition,如图 4-20 所示打开 Computational Domain 窗口。Boundary Condition 下拉菜单设置为 Default,保证计算域边界处存在热量和质量交换。计算域边界上的热力状态参数(温度、压力等)采用 General Settings 窗口 Thermodynamic Parameters 中的参数,如图 4-21所示。

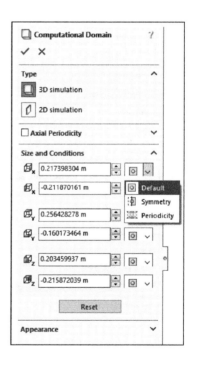

图 4-19 External 分析类型 图 4-20 Computational Domain 窗口

4.3.3.2 Internal 分析类型

如图 4-22 所示,空气以 $0.2\mathrm{m^3/s}$ 的体积流量进入设备中,之后从出口进入环境中。对于这样一台以强迫对流冷却为主的设备,其内部元件的主要热量通过设备内部快速流动的空气带走,外壳六个表面与周围环境流体之间的对流换热量占设备总热量百分比较少。此时,可以在 General Settings 窗口的 Analysis Type 中将此分析定义为 Internal。

通过 Flow Analysis→Insert→Boundary Condition 命令,分别在设备空气入口处和出口处

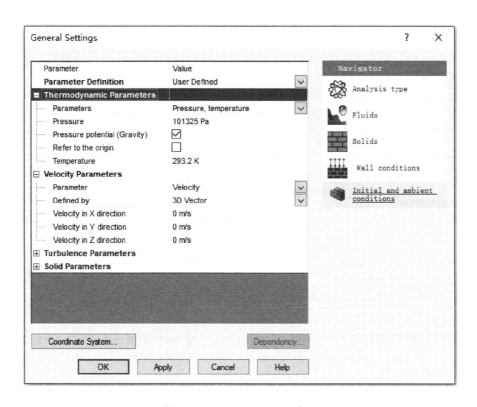

图 4-21 General Settings 窗口

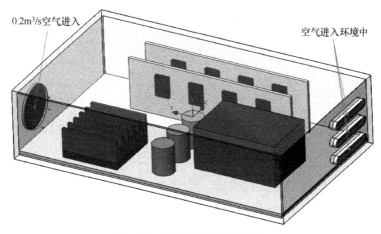

图 4-22 强迫对流冷却的设备

定义流动和压力边界条件，如图 4-23 所示。图 4-24 所示为设置边界条件之后的模型显示区域。

由于设备外壳表面与周围环境流体之间为自然对流散热，如图 4-25 所示，通过对 General Settings 窗口 Wall Conditions 中的 Default outer wall thermal condition 进行设置，以一种简化的方式考虑这部分的换热量。由于自然对流换热系数一般在 $5 \sim 10 \mathrm{W/(m^2 \cdot K)}$ 范围，所以此处的 Heat Transfer Coefficient 设置为 $5.5 \mathrm{W/(m^2 \cdot K)}$。

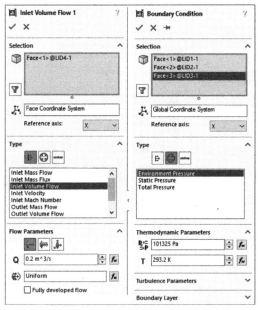

图 4-23 Boundary Condition 窗口

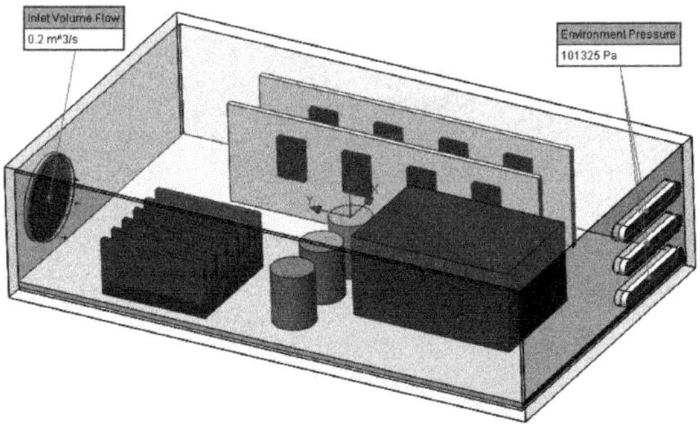

图 4-24 设置边界条件后的仿真模型

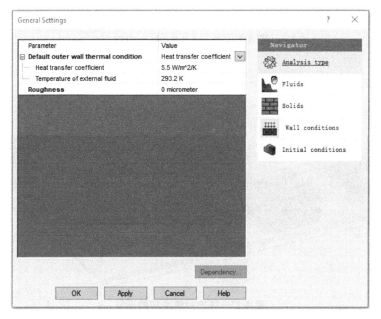

图 4-25 General Settings 窗口

4.4 流体子域

4.4.1 背景

在进行流动与传热的仿真过程中，经常会遇到多种流体同时出现。如图 4-26 所示，在气-液热交换器热性能仿真过程中，出现了空气和冷却液两种流体。在进行仿真分析时，必须对冷却液所在区域进行封闭，形成一个流体的子区域。

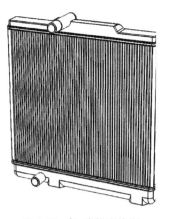

4.4.2 FloEFD 中流体子域设置

对于仿真分析中会涉及多种流体的分析项目，如图 4-27 所示，首先需要在 General Settings 窗口的 Project Fluids 设置时选择项目中所采用的流体。一般会把几何模型外部的流体作为默认流体（Default Fluid）。

单击 Flow Analysis → Conditions → Fluid Subdomain，如图 4-28 所示，打开流体子域设置窗口。在 Selection 中选择封闭流体子区域的固体内表面，即与子流体区域相接触的固体

图 4-26 气-液热交换器

面，假如有多个与子流体区域相接触的固体面，只需要选择其中一个。图 4-29 所示为一个卤素探照灯，其外部流体为空气，但灯泡内部为氩气。所以，在 Selection 选择区域，应该选择灯泡壁的内表面。在 Fluids 设置中可以选择流体子域中的流体类型。

如图 4-30 所示，通过 Flow Parameters 窗口可以设置流体子域内部的非均匀流动参数（流速或马赫数）。

如图 4-31 所示，通过 Thermodynamic Parameters 窗口可以设置流体子域内部流体的热力学参数。

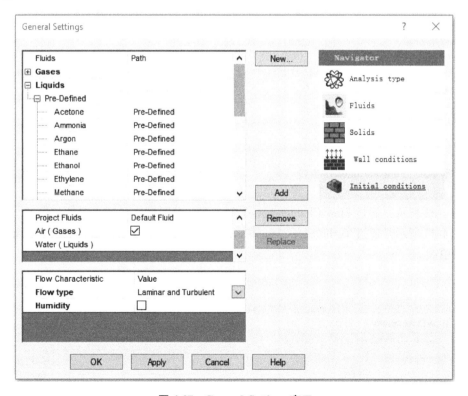

图 4-27 General Settings 窗口

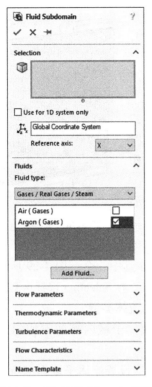

图 4-28　Fluid Subdomain 窗口

图 4-29　卤素探照灯

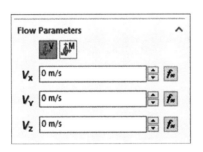

图 4-30　Flow Parameters 窗口

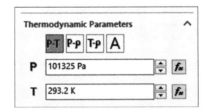

图 4-31　Thermodynamic Parameters 窗口

　　如图 4-32 所示，通过 Flow Characteristics 窗口可以设置流体子域中流体的流态。

　　如图 4-33 所示，通过 Turbulence Parameters 窗口可以设置湍流的特性参数，通常情况下可以不做更改。

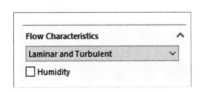

图 4-32　Flow Characteristics 窗口

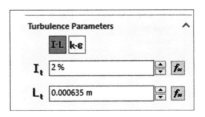

图 4-33　Turbulence Parameters 窗口

4.5　多孔介质

4.5.1　背景

多孔介质具有以下特点：多孔介质由多相物质共同占据，其中至少一相是气相或液相，并且固相所在区域占据多孔介质整个区域。多孔介质的例子很多，如土壤、陶器、过滤棉，甚至是一块面包。图 4-34 所示为用于汽车的催化式排气净化器。气体由净化器入口进入，在通过催化剂时会在催化剂两侧形成一定的静压力差。如果从宏观的角度考虑催化剂对于气流流动的阻碍，可以将催化剂简化为一多孔介质，并且通过赋予多孔介质流动阻碍特性，从而可以大幅减少仿真所需的资源。

图 4-34　车用催化式排气净化器

在传热领域也存在相同的情况，图 4-35 所示为轿车用热交换器。由于热交换器结构非常复杂，在分析轿车的整个冷却系统性能时，可以将其视为一个具有换热能力的多孔介质，从而可以快速地评估冷却系统的换热性能、水泵工作点等参数。

4.5.2　工程数据库多孔介质

通过 Flow Analysis→Engineering Database 命令可以打开 Engineering Database 窗口，选择 Porous Media。图 4-36 所示为多孔介质（Porous Media）特性设置窗口。其中在 Name 设置项中可以设置多孔介质的名称。Comments 中可以对多孔介质进行一定的注释。Porosity 是多孔介质的孔隙率，即多孔介质内部的孔隙占总体积的比例。

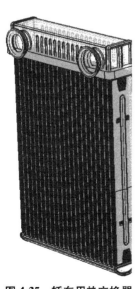

图 4-35　轿车用热交换器　　　　　　　图 4-36　Porous Media 特性设置窗口

如图 4-37 所示，Permeability type 有 Isotropic、Unidirectional、Axisymmetrical 和 Orthotropic 四种类型。如果 Permeability type 选择 Isotropic，则多孔介质在沿坐标方向具有相同的流动和传热特性。Unidirectional 表明多孔介质只在某个单一方向上具有流动和传热特性。Axisymmetrical 表明多孔介质的特性由轴向和径向的特性进行确定。Orthotropic 表明多孔介质在沿坐标轴的三个方向上具有不同的流动和传热特性。

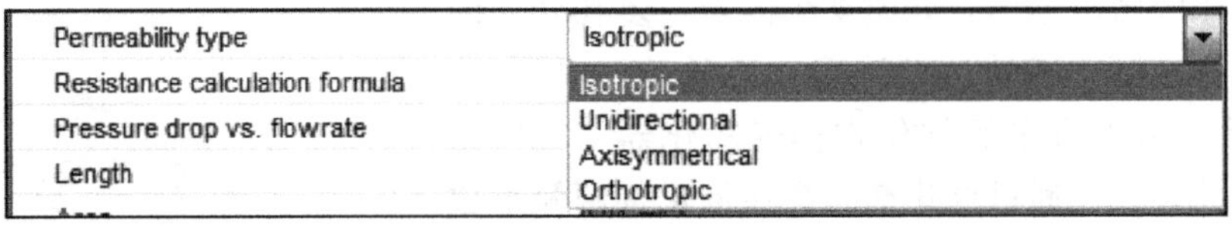

Permeability type	Isotropic
Resistance calculation formula	Isotropic
Pressure drop vs. flowrate	Unidirectional
Length	Axisymmetrical
	Orthotropic

图 4-37　Permeability type 设置

Resistance calculation formula 确定了多孔介质引起的流动阻力计算方式。如图 4-38 所示，当选择 Pressure Drop，Flowrate，Dimensions 时，式（4-1）为多孔介质的流动阻力损失系数计算公式。其中 ΔP 为多孔介质在某个方向上引起的压力损失，m 为流体的质量流量，S 为多孔介质在垂直于流动方向的截面积，L 为多孔介质沿流体流动方向的长度。

Resistance calculation formula	Pressure Drop, Flowrate, Dimensions
Pressure drop vs. flowrate in n	Pressure Drop, Flowrate, Dimensions
Pressure drop vs. flowrate in r	Dependency on velocity
Length in n	Dependency on pore size
Length in r	Dependency on pore size and Reynolds number
	Pressure Drop, Velocity, Dimensions

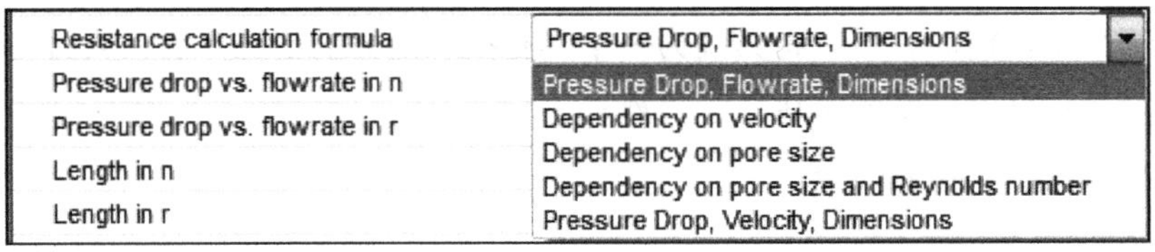

图 4-38　Resistance calculation formula 设置

$$k = \frac{\Delta P S}{mL} \tag{4-1}$$

当选择 Dependency on velocity 时，式（4-2）为多孔介质的流动阻力系数计算公式。其中 V 是流体流速，ρ 是流体密度，A 和 B 分别是设置的常数。

$$k = \frac{AV+B}{\rho} \tag{4-2}$$

当选择 Dependency on pore size 时，式（4-3）为多孔介质的流动阻力系数计算公式。其中 μ 是流体动力黏度，ρ 是流体密度，ε 是多孔介质的孔隙率。如图 4-39 所示，D 是多孔介质内部介质的水力直径。

$$k = \frac{32\mu}{\varepsilon \rho D^2} \tag{4-3}$$

当选择 Pressure Drop，Velocity，Dimensions 时，需要设置流体以不同流速流经多孔介质所引起的压力损失特性，并且需要设置多孔介质沿流体流动方向的长度。

勾选图 4-36 中的 Use turbulent scale 之后，可以设置 Turbulent scale 值，用以计算流体在经过多孔介质之后的湍流耗散率。在默认情况下，Turbulent scale 的值为 0.00001m。

由于多孔介质的流动阻力损失系数与流经多孔介质流体的密度和黏度有关，如图 4-40 所示，通过设置 Calibration viscosity 和 Calibration density 可以根据流体的黏度和密度修正流体流经多孔介质的流动阻力损失系数。

勾选图 4-36 中的 Heat conductivity of porous matrix 选项，可以考虑多孔介质的换热特

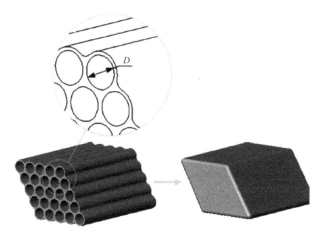

图 4-39　多孔介质内部介质的水力直径 D

Use calibration viscosity	☑
Calibration viscosity	0 Pa*s
Use calibration density	☑
Calibration density	0 kg/m^3

图 4-40　Calibration viscosity 和 Calibration density 设置

性。Conductivity type 中可以分为 Isotropic、Unidirectional、Axisymmetrical/Biaxial 和 Ortho-tropic 四种。其具体意义和参数设置，可以参考 4.8 节。Melting temperature 是多孔介质的熔化温度，当多孔介质的温度超过这一设置值时会出现警示信息，但实际多孔介质不会熔化。

如图 4-41 所示，当勾选 Use effective density 时，Density of porous matrix 和 Specific heat capacity of porous matrix 为多孔介质的密度和比热。否则，Density of porous matrix 和 Specific heat capacity of porous matrix 为多孔介质内部固体区域的密度和比热。

Use effective density	☑	
Density of porous matrix	0 kg/m^3	
Specific heat capacity of porous matrix	0 J/(kg*K)	...

图 4-41　Use effective density 设置

如图 4-42 所示，Matrix and fluid heat exchange defined by 用于确定多孔介质与流体的换热方式。如果选择 Volumetric heat exchange coefficient，则需要设置 Volumetric heat exchange coefficient。如果选择 Heat exchange coefficient, specific area，则体积热交换系数（Volumetric heat exchange coefficient）通过式（4-4）进行计算：

$$\gamma = h \frac{S_{\text{pores}}}{V} \tag{4-4}$$

式中，h 为多孔介质内部表面与流体的热交换系数（Heat exchange coefficient）；$\dfrac{S_{\text{pores}}}{V}$ 为单位

体积的多孔介质与流体接触面积（Specific area）。

Heat conductivity of porous matrix	☑	
Use effective density	☑	
Density of porous matrix	0 kg/m^3	
Specific heat capacity of porous matrix	0 J/(kg*K)	—
Conductivity type	Isotropic	∨
Thermal conductivity	0 W/(m*K)	—
Melting temperature	0 K	
Matrix and fluid heat exchange defined by	Volumetric heat exchange coefficient	∨
Volumetric heat exchange coefficient	0 W/m^3/K	—

图 4-42　**Matrix and fluid heat exchange defined by** 设置

4.5.3　多孔介质设置

通过 Flow Analysis→Conditions→Porous Medium 命令，打开 Porous Medium 窗口，如图 4-43所示。在 Selection 中选择设置多孔介质的几何体。在 Porous Medium 中选择工程数据库中预定义或自定义的多孔介质。

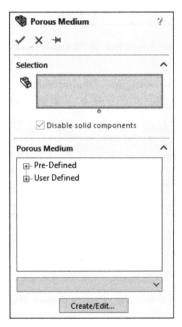

图 4-43　**Porous Medium** 窗口

4.6　辐射面

4.6.1　背景

热辐射是物体由于自身温度或热运动而辐射电磁波的现象，是一种物体通过电磁辐射的形式把热能向外散发的传热方式。

热辐射具有以下三个特点[2]：

1）热辐射不依赖物体的接触而进行热量传递，并且是以电磁波的方式传输，所以热量的传递也不需要任何空间媒介，可以在真空中进行。

2）辐射换热过程伴随着能量形式的二次转化，即物体的部分内能转化为电磁波能发射出去，当此电磁波投射到另一物体表面而被吸收时，电磁波能又转化为内能。

3）一切物体只要其温度 $T>0K$，都会不断地发射热射线。当物体间有温差时，高温物体辐射给低温物体的能量大于低温物体辐射给高温物体的能量，因此总的结果是高温物体把能量传递给低温物体。

当热射线投射到物体上时，其中部分被物体吸收，部分被反射，其余则透过物体。假设投射到物体上全波长范围的总能量为 G，被吸收 G_α、反射 G_ρ、透射 G_τ，根据能量守恒定律可得

$$G = G_\alpha + G_\rho + G_\tau \tag{4-5}$$

若等式两端同除以 G，可得

$$\alpha + \rho + \tau = 1 \tag{4-6}$$

式中，$\alpha = \dfrac{G_\alpha}{G}$ 称为物体的吸收率，它表示物体吸收的能量占投射至物体总能量的百分比；$\rho = \dfrac{G_\rho}{G}$ 称为物体的反射率，它表示物体反射的能量占投射至物体总能量的百分比；$\tau = \dfrac{G_\tau}{G}$ 称为物体的透射率，它表示物体透射的能量占投射至物体总能量的百分比。

对于固体或液体而言，热射线进入表面后，在一个极短的距离内就会被完全吸收。所以认为热射线不能穿透固体和液体。对于固体和液体，可得

$$\alpha + \rho = 1 \tag{4-7}$$

如图 4-44 所示，热射线投射到物体表面之后，会有镜面反射、漫反射和高斯反射。对于镜面反射，反射角等于入射角。高度磨光的金属表面是镜面反射。对于漫反射，反射能均匀分布在各个方向。

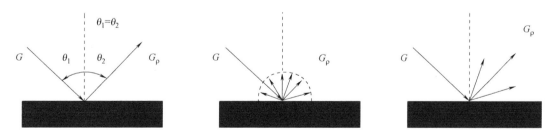

图 4-44　镜面反射（左）、漫反射（中）和高斯反射（右）

对于气体而言，热射线可被吸收和穿透，即没有反射，故可得

$$\alpha + \tau = 1 \tag{4-8}$$

如果物体能全部吸收外来热射线，即 $\alpha = 1$，则这种物体被定义为黑体。如物体能全部反射外来热射线，即 $\rho = 1$，则无论是镜面反射还是漫反射，统称为白体。外来热射线能全部透过物体，即 $\tau = 1$，则称为透明体。

现实生活中并不存在黑体、白体与透明体。它们只是热辐射的理想模型。这里的黑体、白体、透明体都是对于全波长射线而言的。在一般温度条件下，由于可见光在全波长射线中

只占一小部分，所以物体对于外来热射线吸收能力的高低，不能凭物体的颜色来判断，白颜色的物体不一定是白体。

物体表面在一定温度下，会朝表面上方半球空间的各个不同方向发射各种不同波长的辐射能。单位时间内，物体的每单位面积向半球空间所发射全波长的总能量称为辐射力，用符号 E 表示，单位为 W/m²。

式（4-9）是斯蒂芬-玻尔兹曼定律的表达式，在辐射换热计算中，确定黑体在某个温度下，全波长范围内的辐射力 E_b 至关重要。

$$E_b = \sigma_b T^4 \tag{4-9}$$

式中，$\sigma_b = 5.67 \times 10^{-8} \text{W}/(\text{m}^2 \cdot \text{K}^4)$，称为黑体辐射系数。

兰贝特定律是指黑体表面具有漫辐射的性质，且在半球空间各个方向上的辐射强度相等。物体发射的辐射强度与方向无关的性质称为漫辐射。反射的辐射强度与方向无关的性质叫漫反射。既是漫辐射又是漫反射的表面统称漫表面。

实际物体的辐射力不同于黑体。它的单色辐射力 E_λ 随波长和温度的变化是不规则的，如图4-45所示。我们把实际物体的辐射力与同温度下黑体的辐射力之比称为该物体的发射率 ε，也称黑度。

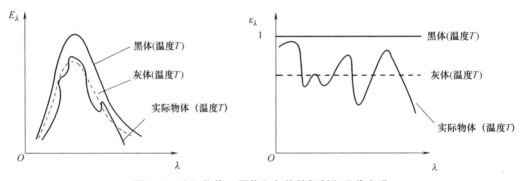

图4-45　实际物体、黑体和灰体的辐射和吸收光谱

如果已知某物体的表面发射率 ε，则该物体的辐射力可以用下式计算：

$$E = \varepsilon E_b = \varepsilon \sigma_b T^4 \tag{4-10}$$

灰体是指物体单色辐射力与同温度黑体单色辐射力随波长的变化曲线相似，或它的单色发射力不随波长变化，即 $\varepsilon = \varepsilon_\lambda =$ 常数。灰体也是理想化的物体。实际物体在红外波段范围内可近似地视为灰体。

1859年基尔霍夫用热力学方法揭示了物体发射辐射的能力与它吸收投射辐射的能力之间的关系。其表明在热平衡条件下，表面单色定向发射率等于它的单色定向吸收率，即

$$\varepsilon_{\lambda,\theta,T} = \alpha_{\lambda,\theta,T} \tag{4-11}$$

如果表面是漫射灰表面，那么辐射性质不仅与方向无关，而且也与波长无关，即

$$\varepsilon(T) = \alpha(T) \tag{4-12}$$

在工程辐射换热计算中，把物体表面当作漫射灰表面，即可以应用 $\varepsilon = \alpha$ 的关系。

4.6.2　工程数据库的辐射面

通过 Flow Analysis→Engineering Database 命令，打开图4-46所示的工程数据中辐射面

（Radiative Surface）特性设置窗口。其中在 Name 设置项中可以设置辐射面的名称。在 Comments 中可以对辐射面进行一定的注释。

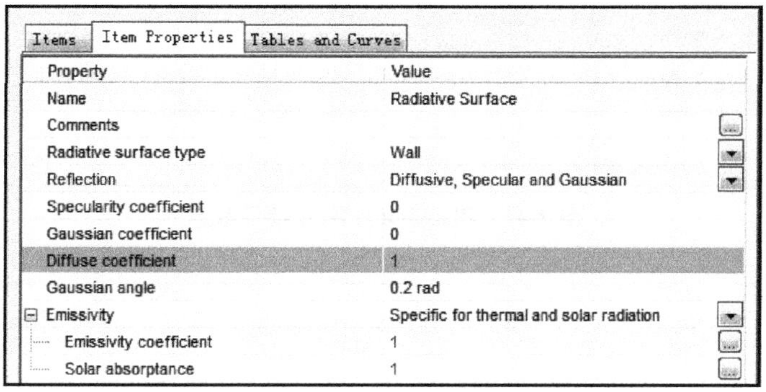

图 4-46　Radiative Surface 特性设置窗口

Radiative surface type 分为 Wall、Wall to ambient 和 Wall to environment wall。如果需要考虑不同表面之间的辐射热交换，则 Radiative surface type 设置为 Wall，并且根据反射模型（Reflection）设置相应的反射系数、发射率和太阳辐射吸收系数。Specularity coefficient 是表面的镜面反射系数，如果这个系数设置为 0.2，则意味着物体表面的反射能量中，20% 是以镜面反射离开物体表面。Diffuse coefficient 是表面的漫反射系数，如果这个系数设置为 0.3，则意味着物体表面的反射能量中，30% 是以漫反射离开物体表面。Gaussian coefficient 是表面的高斯反射系数，如果这个系数设置为 0.5，则意味着物体表面的反射能量中，50% 是以高斯反射离开物体表面。如果需要考虑表面与环境之间的辐射热交换，则 Radiative surface type 设置为 Wall to ambient 或 Wall to environment wall，并且设置表面的发射率和太阳辐射吸收系数[3]。Wall to environment wall 和 Wall to ambient 的区别在于 Wall to environment wall 可以在选定的墙边界上指定环境辐射的特定温度。

在工程数据库的预定义辐射表面中，有 Symmetry、Non-radiating surface、Absorbent Wall、Blackbody Wall 和 Whitebody Wall。

设置为 Symmetry 的表面反射率为 1，并且其 Specularity coefficient 为 1，说明物体表面将所有入射的能量以镜面反射的形式反射出去。

Non-radiating surface 表明表面不参与辐射热交换的计算，既不发出能量也不接收能量，所以投射到 Non-radiating surface 物体表面的能量不会影响物体的温度。投射在 Non-radiating surface 物体表面的辐射能量会在物体表面处消失。对于其他物体表面而言，Non-radiating surface 似乎是一个绝对温度为 0K 的表面。

Absorbent Wall 表明投射到物体表面的能量都会被吸收，但是不会发出任何能量，物体表面的温度会受到投射至表面能量的影响。

图 4-47 所示为 Blackbody Wall 的参数设置，其表面发射率和太阳辐射吸收系数均为 1。设置为 Blackbody Wall 的表面吸收所有的入射能量，并且根据斯蒂夫-玻尔兹曼定律向外辐射能量。

图 4-48 所示为 Whitebody Wall 的参数设置，其表面发射率和太阳辐射吸收系数均为 0。设置为 Whitebody Wall 的表面根据兰贝特定律反射所有的入射能量，并且物体表面的温度不会影响辐射换热。

Items | Item Properties | Tables and Curves

Property	Value
Name	Blackbody wall
Comments	
Radiative surface type	Wall
Reflection	Diffusive
Emissivity	Specific for thermal and solar radiation
Emissivity coefficient	1
Solar absorptance	1

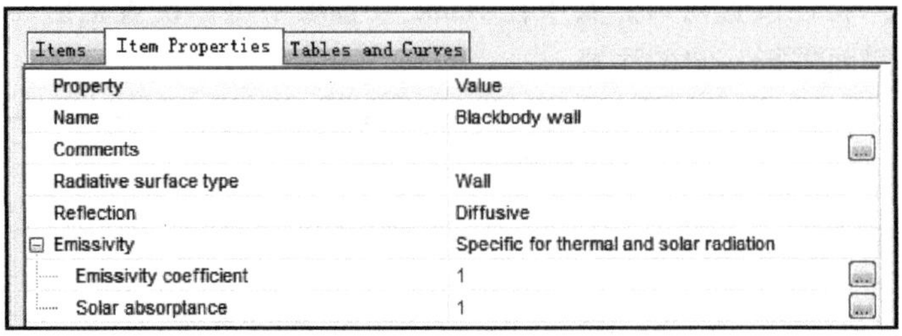

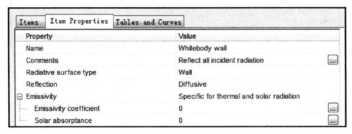

图 4-47 Blackbody Wall 特性参数

Items | Item Properties | Tables and Curves

Property	Value
Name	Whitebody wall
Comments	Reflect all incident radiation
Radiative surface type	Wall
Reflection	Diffusive
Emissivity	Specific for thermal and solar radiation
Emissivity coefficient	0
Solar absorptance	0

图 4-48 Whitebody Wall 特性参数

4.6.3 辐射面设置

在 General Setting 或者 Wizard-Analysis Type 窗口中勾选 Radiation 后，通过 Flow Analysis→Sources→Radiative Surface 命令，打开 Radiative Surface 窗口，如图 4-49所示。Selection 中选择设置辐射面的物体表面。Type 中选择工程数据库中预定义或自定义的辐射表面。

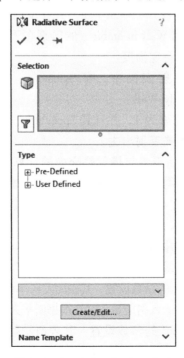

图 4-49 Radiative Surface 窗口

4.7　辐射源

4.7.1　背景

太阳是一个超高温气团，其温度可以高达数千万摄氏度。由于高温的缘故，它向宇宙空间辐射的能量中有 99% 集中在 $0.2\mu m \leqslant \lambda \leqslant 3\mu m$ 的短波区。由图 4-50 可知，从大气层外缘和地面上测得的太阳单色辐射力随波长的变化而变化。

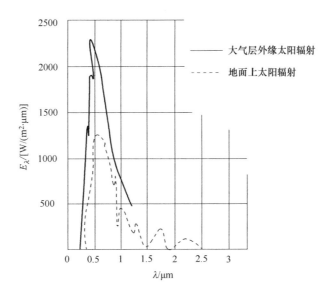

图 4-50　大气层外缘和地面上太阳辐射光谱

图 4-51 所示为某款卤素灯在不同色温下相对辐射强度随波长的变化。与太阳的辐射特性相类似，这款灯所发出的能量随波长的变化而变化。

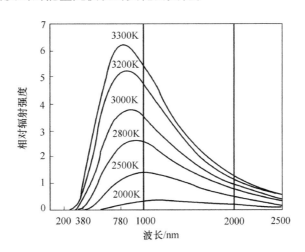

图 4-51　卤素灯相对辐射强度随波长的变化

4.7.2 辐射源设置

在 General Setting 或者 Wizard-Analysis Type 窗口中勾选 Radiation 后，通过 Flow Analysis→Sources→Radiation Source 命令，如图 4-52 所示，打开 Radiation Source 窗口。在 Selection 中选择定义辐射源特性的表面。Type 确定了辐射源的类型。Diffusive 表明辐射源在各个方向上均匀地发出能量。Power 设置项用于设置辐射源发出的总能量。Spectrum 设置项用于确定辐射源的相对辐射强度随波长的变化特性。

如图 4-53 所示，当 Type 的类型设置为 Directional 时，可以通过 Define As Normal to Plane 定义垂直于选定面的辐射源或者通过 Define As 3D Vector 中的 Direction X、Direction Y 和 Direction Z 定义辐射源的辐射方向。如果在 General Settings 中将 Radiation model 选择为 Discrete Transfer 或者 Monte Carlo，则可以在 Pattern Type 中选择单向模式，或者在数据库中选择已定义的模式。Power 设置项用于设置辐射源发出的总能量。

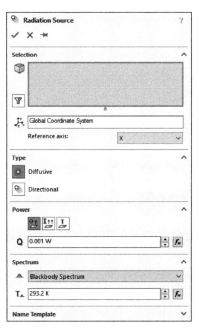

图 4-52 Radiation Source 窗口

图 4-53 Type 为 Directional 时的设置

4.7.3 辐射源设置实例

图 4-54 所示为某款轿车前大灯所用的 55W 卤素灯泡发光特性。单击 Flow Analysis→Engineering Database，如图 4-55 所示，打开 Engineering Database 窗口。展开 Radiation Spectra，右击 User Defined，在弹出的菜单中选择 New Item。在右侧 Item Properties 的辐射光谱 Name 中输入 H7 55W，并且单击 Tables and Curves 进入辐射光谱输入窗口。由于 Engineering Database 窗口中只需要输入相对强度随波长的变化，所以如图 4-56 所示，设置 H7 55W 的光谱辐射特性（图 4-54 中辐射特性曲线纵坐标轴值除以 55W）。

单击 Flow Analysis→Sources→Radiation Source，如图 4-57 所示，打开 Radiation Source 窗

口，在 Selection 选择作为辐射源的物体表面。由于 H7 灯泡发射光谱没有特定的方向，所以 Type 设置为 Diffusive。Power 中输入灯泡的输入电功率值 55W，Spectrum 选择 Spectrum from Database，从 Engineering Database 窗口中选择之前定义的 H7 55W 辐射光谱特性。单击窗口左上角的√，退出 Radiation Source 窗口。

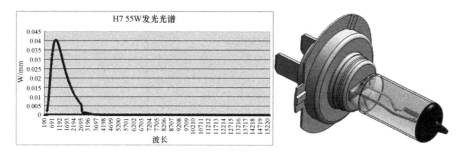

图 4-54　55W 卤素灯泡发光特性

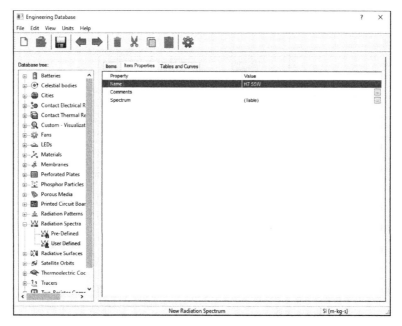

图 4-55　Engineering Database 窗口

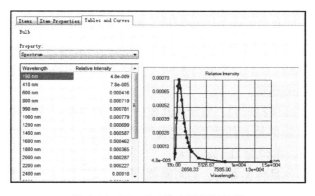

图 4-56　H7 55W 的光谱辐射特性

图 4-57　Radiation Source 窗口

4.8　固体材料

4.8.1　背景

对于热仿真而言，固体材料的属性对温度场的影响尤为重要。通常与温度场相关的固体材料属性有密度、比热容和热导率。密度（Density）是指某种物质的质量与该物质体积的比值。比热（Specific Heat）是单位质量物质的热容量，即单位质量物体改变单位温度时吸收或释放的能量。比热与物质的状态和物质的种类有关。对于稳态的热仿真问题而言，如果固体材料的密度和比热可以认作常数，则密度和比热的参数值不会影响温度场结果。热导率（Thermal Conductivity）是物质非常重要的一个热物性，其定义为在物质内部垂直于热传导方向取两个相距 1m、面积为 $1m^2$ 的平行平面，若两个平面的温度相差 1K，在 1s 内从一个平面传导至另一个平面的热量。

此外，当电流通过固体材料时，由于焦耳发热效应的存在，所以固体材料的电阻率也会对温度场产生影响。电阻率是表征物质电阻特性的物理量，其定义为某种材料长度为 1m，截面积为 $1mm^2$ 的电阻，单位为 $\Omega \cdot mm^2/m$。

热辐射作为基本的热量传递方式，当不同波长的光线投射到半透明固体材料上，其中一部分光线会被吸收转化为热量，同时也可能有一部分光线会通过半透明固体材料。固体材料的吸收系数体现了固体材料对于光线的吸收特性。固体材料的折射系数是光在真空中的速度与光在固体材料中的速度之比。

4.8.2 工程数据库固体材料

通过 Flow Analysis→Engineering Database→Materials→Solids→User Defined→New Item 命令，图 4-58 所示为新建工程数据固体材料（Solid Material）特性设置窗口。其中在 Name 设置项中可以设置固体材料的名称。在 Comments 中可以对材料进行一定的注释。Density 为材料的密度。

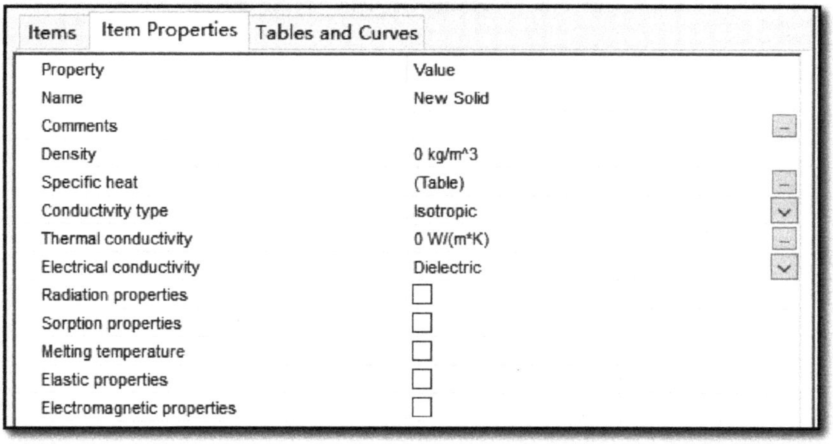

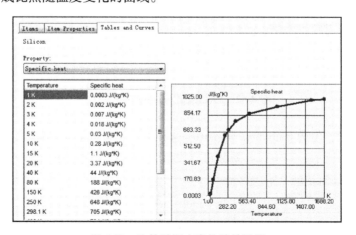

图 4-58 Solid Material 特性设置窗口

FloEFD 固体材料的比热可以设置为随温度变化或者固定值。如图 4-59 所示，通过单击 Tables and Curves 选项卡，并且选择 Property 下的 Specific heat 选项，可以设置比热与温度的数据点，从而形成比热随温度变化的曲线。

图 4-59 比热随温度变化特性设置

如图 4-60 所示，单击 Conductivity type 右侧的下拉菜单，可以显示出固体材料热导率的类型。Isotropic 表明固体材料的热导率各向同性。Unidirectional 表明固体材料只能在一个方向上进行热传导，或者说固体材料在两个方向上的热导率为 0。如图 4-61 所示，Axisymmetrical/Biaxial 主要是应用于圆柱体的固体材料，通过设置材料的轴向（Axial）热导率和径向（Radial）热导率完成固体材料的热导率设置。Orthotropic 表明固体材料在三个方向上具有不同的热导率。

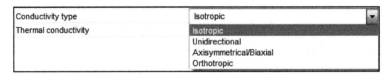

图 4-60　Conductivity type 特性设置

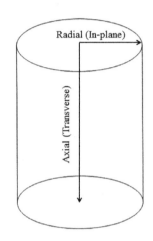

图 4-61　Axisymmetrical/Biaxial 示意图

当 Electrical conductivity 设置为 Dielectric 时，固体材料为绝缘材料。如图 4-62 所示，当 Electrical conductivity 选项设置为 Conductor 时，可以将固体材料定义为导电材料，并且通过 Resistivity 设置固体材料热阻率。

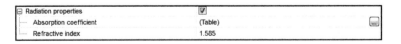

图 4-62　Electrical conductivity 设置

如图 4-63 所示，勾选 Radiation properties 选项之后，可以设置固体材料的折射系数和吸收系数。如图 4-64 所示，其中吸收系数可以设置为随入射电磁波波长变化。

⊟ Radiation properties	☑	
┈┈ Absorption coefficient	(Table)	⊡
┈┈ Refractive index	1.585	

图 4-63　Radiation properties 设置

如图 4-58 所示，勾选 Melting temperature 选项之后，可以设置固体材料的熔化温度。注意，这一温度设置值仅起到提示作用，实际仿真分析过程中即便固体材料的温度超过这一限定值，固体材料也不会熔化。

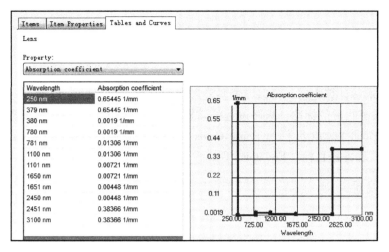

图 4-64　吸收系数随入射电磁波波长变化

4.8.3　固体材料设置

通过 Flow Analysis→Sources→Solid Material 命令，如图 4-65 所示，打开 Solid Material 窗口。在 Selection 中选择定义固体材料的几何模型。在 Solid 中选择工程数据库中预定义或自定义的固体材料。如果固体材料的 Conductivity type 为 Axisymmetrical/Biaxial 或 Orthotropic，则还需通过 Anisotropy 定义坐标系统。Radiation Transparency 可选择固体材料对辐射是否透明。

图 4-65　Solid Material 窗口

4.9 目标

4.9.1 背景

在 FloEFD 求解计算之前，可以设置各种形式的目标。目标的设置主要有以下三个方面的作用：作为求解收敛的标准、求解过程的监控和后处理的便利。目标的种类可以分为全局目标（Global Goals）、点目标（Point Goals）、表面目标（Surface Goals）、体积目标（Volume Goals）和方程目标（Equations Goals）。

4.9.2 目标设置

通过 Flow Analysis→Goals→Global Goals 命令，如图 4-66 所示，打开 Global Goals 窗口。由于全局目标基于计算域内的所有网格参数值，所以不需要选择物体或表面。通过勾选全局目标窗口中 Parameters 下的参数，可以设置全局目标。通常会设置速度（Velocity）、温度（Temperature）和压力（Pressure）的最小值（Min）和最大值（Max）作为全局目标。

通过 Flow Analysis→Goals→Point Goals 命令，如图 4-68 所示，打开 Point Goals 窗口。可以直接在仿真几何模型中选取点或者输入点坐标。此外，也可以通过选择线条或面作为参考来确定点的位置。如果设置的点目标中点的位置不位于网格中心，则会根据相邻两个网格内的值进行内插。通常可以设置温度的点目标，其位置经常对应温度测试中热电偶的位置。

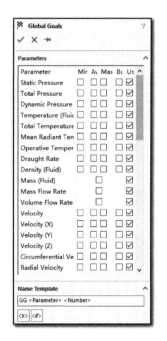

图 4-66 Global Goals 窗口

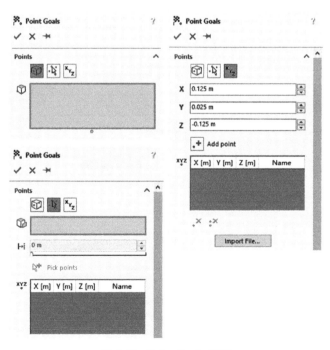

图 4-67 Point Goals 窗口

通过 Flow Analysis→Goals→Surface Goals 命令，如图 4-68 所示，打开 Surface Goals 窗

口。可以直接在仿真几何模型中选取一个或多个表面。表面目标适用的场合非常多，可以在风扇的进出面上设置体积流量和压力的表面目标，监控风扇的实际工作点。此外，表面平均和最高温度、表面热交换系数和表面对流换热量等信息都可以通过设置表面目标获取。

通过 Flow Analysis→Goals→Volume Goals 命令，如图 4-69 所示，打开 Volume Goals 窗口。可以直接在仿真几何模型中选取一个或多个物体。体积目标适用于确定某个物体的最高温度，通过对封装芯片设置最大（Max）温度的体积目标，可以快速确定芯片的结点温度。

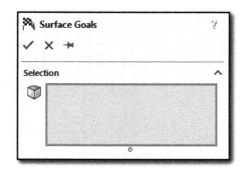

图 4-68　Surface Goals 窗口

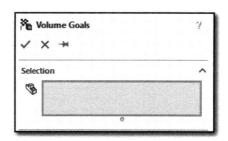

图 4-69　Volume Goals 窗口

通过 Flow Analysis→Goals→Equations Goals 命令，如图 4-70 所示，打开 Equations Goals 窗口。方程目标可以基于其他设置的目标或者软件的输入值或边界条件。方程目标常用于建立压力差、雷诺数和水泵效率等需要涉及多个参数的目标。

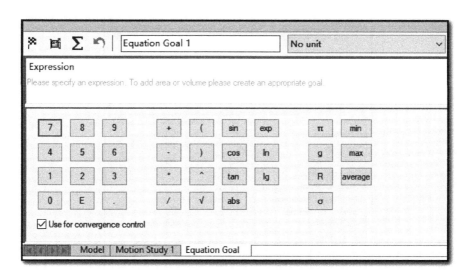

图 4-70　Equations Goals 窗口

4.9.3　其他

FloEFD 软件中可以在设置边界条件、表面热源、体积热源、辐射面和风扇时，自动创建相应的参数目标。如为热源创建一个相关的参数目标，可参考 4.10 节。

通过 Flow Analysis→Solve→Calculation Control Options 命令，如图 4-71 所示，打开 Calculation Control Options 窗口，其中 Finishing 选项卡中罗列了求解收敛的标准。软件中设置的各类目标均可用于求解计算收敛的评估。如图 4-72 所示，勾选表面目标窗口中的 Use for convergence control 选项，就可以使此目标作为求解计算收敛的评估。

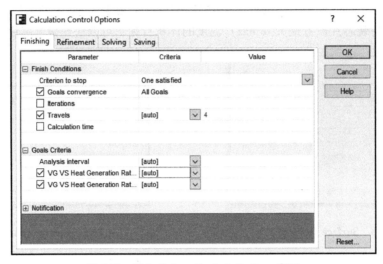

图 4-71　Calculation Control Options 窗口

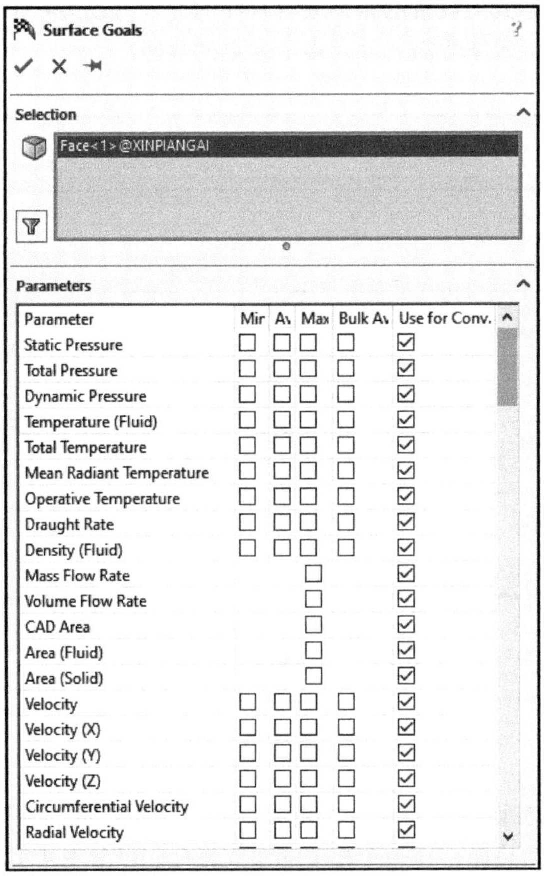

图 4-72　Surface Goals 窗口

4.10 热源

4.10.1 表面热源

FloEFD 的表面热源主要应用于物体的表面。当物体表面设置为表面热源时，设置的热功耗值会被赋予至物体表面两侧的网格之内。如图 4-73 所示，发热元件的上表面设置了 5W 的热功耗，其中表面热源上方的网格内会有 2.5W 的热功耗，表面热源下方的网格内会有 2.5W 的热功耗。

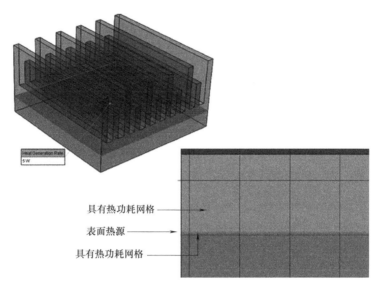

图 4-73 表面热源

通过 Flow Analysis→Sources→Surface Source 命令，如图 4-74 所示，打开 Surface Source 窗口。在 Selection 中选择定义表面热源的表面。Parameter 可以直接输入表面热源的热功耗或者单位面积的热功耗。勾选 Goals 下方的目标可以自动创建表面热源相关的目标。

单击 Dependency 图标🖼，如图 4-75 所示，打开 Dependency 窗口。通过 Constant 选项，可以将表面热源的热功耗设置为固定值。通过 Formula Definition 选项，可以通过公式的形式定义表面热源的热功耗。通过 F(goal)-table 选项，可以将表面热源的热功耗设置为随某个目标值发生变化。通过 F(parameter)-table 选项，可以将表面热源的热功耗设置为随某个参数发生变化，可以通过 Flow Analysis→Project→Parameters 添加参数。

4.10.2 体积热源

FloEFD 的体积热源（Volume Source）主要应用于物体所在的区域。

通过 Flow Analysis→Sources→Volume Source 命令，如图 4-76 所示，打开 Volume Source 窗口。在 Selection 中选择定义体积热源的物体。Parameter 可以直接输入体积热源的热功耗、单位体积的热功耗和固体温度。勾选 Goals 下方的目标可以自动创建体积热源相关的目标。

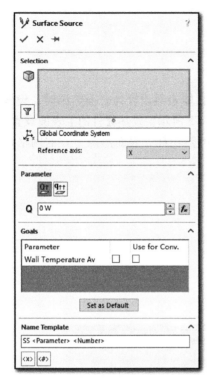

图 4-74 Surface Source 窗口

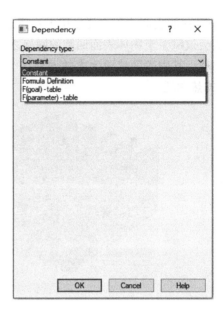

图 4-75 Dependency 窗口

图 4-76 Volume Source 窗口

同样的，通过单击 Dependency 图标 f_x ，可以将体积热源设置为固定值或随目标、参数等变化的值。

4.10.3 体积热源设置实例

不间断电源产品中经常会采用变压器或者电感等磁性元件。这类元件的热损耗可以分为铜损耗和铁损耗。其中铜损耗会受到铜绕组温度的影响，即铜绕组的温度和热功耗存在耦合关系。

通过 Flow Analysis→Sources→Volume Source 命令，如图 4-77 所示，打开 Volume Source 窗口，在 Selection 中选择变压器的铜绕组。勾选 Goals 下方的 Temperature（Solid）Av，将其平均温度添加为目标。单击 Dependency 图标 f_x，如图 4-77 所示，打开 Dependency 窗口，将 Dependency type 选择为 Formula Definition，通过其中的 Goal 按钮可以将之前定义的铜绕组平均温度目标作为体积热源的自变量。或者将 Dependency type 选择为 F（goal）-table，直接输入铜绕组平均温度目标与体积热源发热量的对应关系。

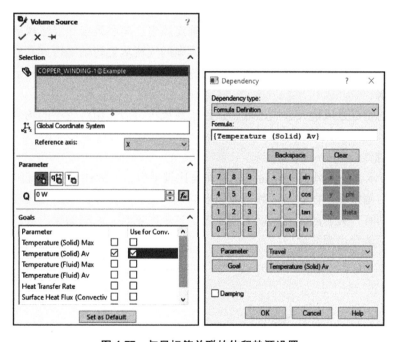

图 4-77   与目标值关联的体积热源设置

第 5 章

元件简化模型

5.1 风扇

5.1.1 背景

根据风扇的出风方向，一般风扇可以分为轴流风扇、离心风扇和混流风扇。其中，轴流风扇的叶片旋转轴与气流流动方向平行。离心风扇的气流从旋转轴平行方向流进，从旋转轴径向方向流出。混流风扇介于轴流风扇和离心风扇之间，其进出风方向呈一定斜向角度，有时也称斜流风扇。

轴流风扇的特点是风量大、风压低，适用于系统压力损失相对较小的场合。轴流风扇的特性如下：

（1）特性曲线

如图 5-1 所示，轴流风扇特性曲线相对而言比较平坦，一般建议使轴流风扇的工作点处于特性曲线的右侧区域。在这一区域轴流风扇的效率比较高，并且噪声相对较低。在轴流风扇特性曲线中间有一失速区。当风扇工作点位于这一区域时，风扇的噪声会比较大，并且风扇的工作状态可能会出现波动。

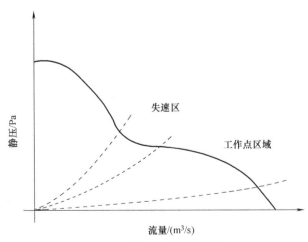

图 5-1　轴流风扇特性曲线

（2）叶片旋转方向

如图 5-2 所示，通常情况下风扇的外壳标识了风扇出风和叶片旋转方向。在进行包含风扇的仿真分析时，必须准确设置风扇的旋转方向，否则可能会引起不同的仿真结果。

（3）风扇旋转出风

如图 5-3 所示，由于风扇叶片的旋转工作和叶片的结构形式，轴流风扇的出风具有一定的旋转特性。其出风的流速可以分为切向速度和轴向速度。切向速度和轴向速度的比值会随着风扇工作点的变化而变化。通常情况下，风扇的旋转出风效应应予以考虑。

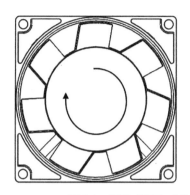

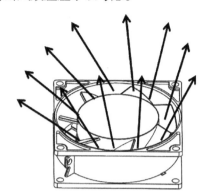

图 5-2　风扇出风和叶片旋转方向　　　　　图 5-3　轴流风扇旋转出风

（4）轴流风扇出风区域

如图 5-4 所示，轴流风扇的出风区域在出风面上仅限于叶片范围。对于尺寸为 40mm×40mm×28mm 的轴流风扇而言，其实际出风面积小于风扇出风方向截面积的 2/3。在进行包含轴流风扇的仿真分析时，必须准确设置风扇中间旋转轴（Hub）的尺寸。

离心风扇的特点是风量小、风压高。适用于高系统阻抗特性及气流进出方向垂直的场合。离心风扇可以分为前向叶片离心风扇和后向叶片离心风扇。前向叶片离心风扇必须带蜗壳。离心风扇的特性如下：

（1）特性曲线

如图 5-5 所示，离心风扇特性曲线相对而言比较陡峭，一般建议前向叶片离心风扇的工作点处于特性曲线的左侧区域。在这一区域风扇的效率比较高，并且噪声相对较低。

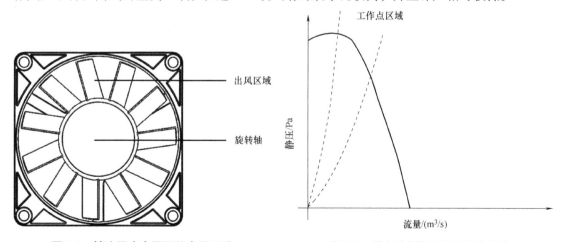

图 5-4　轴流风扇出风面处出风区域　　　　图 5-5　前向叶片离心风扇特性曲线

（2）出风速度分布

如图 5-6 所示，由于前向叶片离心风扇内部叶片的旋转，在其风扇出风面上具有一定的速度分布。

5.1.2 工程数据库风扇

通过 Flow Analysis→Engineering Database 命令，打开工程数据窗口。如图 5-7 所示，En-gineering Database 窗口中有 Axial、Fan Curves 和 Radial 三种类型的风扇数据。

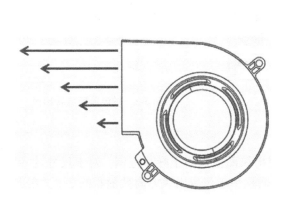

图 5-6　前向叶片离心风扇出风速度分布

图 5-7　风扇工程数据库

图 5-8 所示为 Axial 类型的风扇特性数据。Reference density 为风扇特性曲线测试时空气的密度。其默认值 1.2kg/m³ 是空气在压力 101325 Pa 和 20℃ 条件下的密度值。如果实际风扇的使用环境压力和温度不同，则软件会自动修正风扇特性曲线。Mass/Volume flow rate 用于确定风扇特性曲线的横轴数据类型。如本章前文所述，轴流风扇出风具有一定的旋转特性。Rotor speed、Outer diameter、Hub diameter 和 Direction of rotation 设置参数用于确定轴流风扇的出风旋转特性。其中 Rotor speed 为风扇的转速，Outer diameter 为风扇的外径，Hub diameter 为风扇的旋转轴直径，Direction of rotation 为风扇叶片的旋转方向（从出风口方向观察）。

单击图 5-8 中的 Tables and Curves 选项卡，图 5-9 所示为风扇特性数据和曲线。

图 5-10 所示为 Fan Curve 类型的风扇特性数据。其中 Pressure drop measured 用于确定风扇特性曲线的纵轴数据的类型：Static pressure increase（Pst）表示风扇特性曲线纵轴数值为风扇进出风面的静压差；Total pressure increase（Pt）表示风扇特性曲线纵轴数值为风扇进出风面的总压差；Free blowing pressure increase（Pfa）表示风扇特性曲线纵轴数值为风扇出风面静压与风扇入风面总压差。Set up reference density 用于设置风扇特性曲线测试时空气的密度。Mass/Volume flow rate 用于确定风扇特性曲线的横轴数据的类型。

单击图 5-10 中的 Tables and Curves 选项卡，图 5-11 所示为风扇特性数据和曲线。

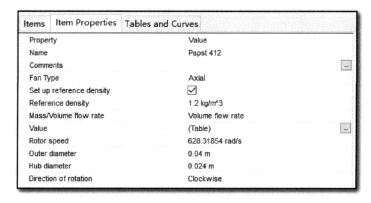

图 5-8　Axial 类型的风扇特性数据

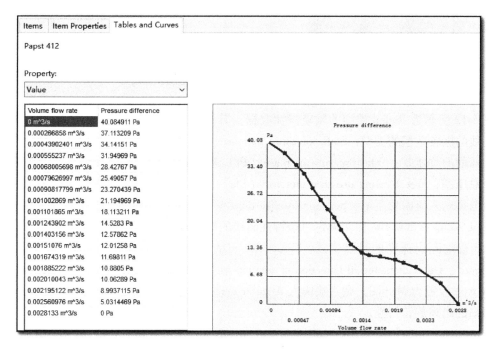

图 5-9　Axial 类型的风扇特性数据和曲线

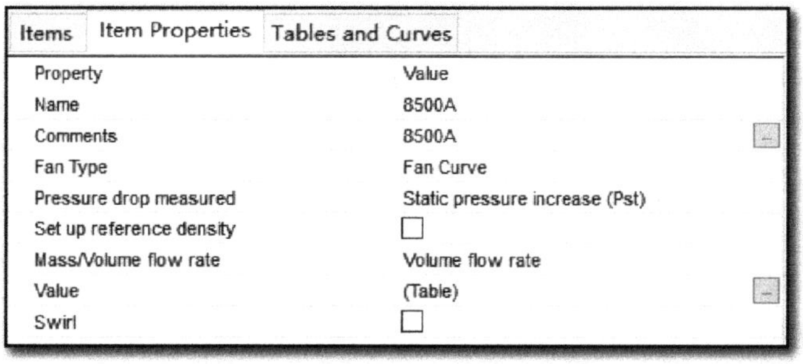

图 5-10　Fan Curve 类型的风扇特性数据

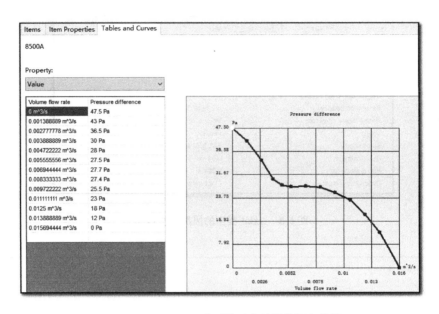

图 5-11　Fan Curve 类型的风扇特性数据和曲线

图 5-12 所示为 Radial 类型的风扇特性数据。其中 Pressure drop measured 用于确定风扇特性曲线的纵轴数据的类型：Static pressure increase（Pst）表示风扇特性曲线纵轴数值为风扇进出风面的静压差；Total pressure increase（Pt）表示风扇特性曲线纵轴数值为风扇进出风面的总压差；Free blowing pressure increase（Pfa）表示风扇特性曲线纵轴数值为风扇出风面静压与风扇入风面总压差。Set up reference density 用于设置风扇特性曲线测试时空气的密度。Mass/Volume flow rate 用于确定风扇特性曲线的横轴数据的类型。Circumferential velocity type 用于确定圆周速度的计算方式。Circumferential velocity type 设置为 Automatic，则通过 Rotor Speed、Outer diameter 和 Direction of rotation 确定风扇的出风旋转特性。Circumferential velocity type 设置为 Manual，则直接输入 Angular velocity value，并且结合 Direction of rotation 确定风扇的出风旋转特性。

Items	Item Properties	Tables and Curves
Property		Value
Name		R2E 133-BH66-07
Comments		50 Hz
Fan Type		Radial
Pressure drop measured		Free blowing pressure increase (Pfa)
Set up reference density		☑
Reference density		1.2 kg/m^3
Mass/Volume flow rate		Volume flow rate
Value		(Table)
Circumferential velocity type		Automatic
Rotor speed		282.743339 rad/s
Outer diameter		0.133 m
Direction of rotation		Clockwise

图 5-12　Radial 类型的风扇特性数据

单击图 5-12 中的 Tables and Curves 选项卡，图 5-13 所示为风扇特性数据和曲线。

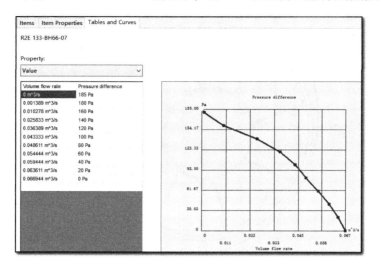

图 5-13 Radial 类型的风扇特性数据和曲线

5.1.3 风扇模型

通过 Flow Analysis→Conditions→Fan 命令，如图 5-14 所示，打开 Fan 窗口。其中 Type 选择区域用于确定风扇的类型。External Inlet Fan 只用于封闭空间的内部流动，其位于封闭入口开口处，促使流体进入封闭空间。External Outlet Fan 只用于封闭空间的内部流动，其位于封闭出口开口处，促使流体流出封闭空间。Internal Fan 既可用于内部流动，也可以用于外部流动。使用时需要指定流体进入和离开风扇的面。Faces fluid exits the fan 用于确定流体离开风扇的面。Fan 选择区域用于选择数据库中预定义或自定义的风扇特性参数。根据所选择的风扇类型，可以设置不同的 Thermodynamics Parameters 参数，即风扇出口的环境压力和温度。Turbulence Parameters 设置区域用于确定风扇出口处的流体流动湍流参数。勾选 Goals 下方的目标可以自动创建该风扇相关的目标。

5.1.4 轴流风扇建模实例

图 5-15 所示为风扇几何模型，图 5-16 所示为风扇特性曲线和结构信息。可以采用 FloEFD 软件中提供的风扇模型进行轴流风扇建模。

首先，通过 Flow Analysis→Engineering Database 命令，在工程数据库中新建 HA60151V3-E01U-A99 风扇，其参数设置如图 5-17 所示。

图 5-14 Fan 窗口

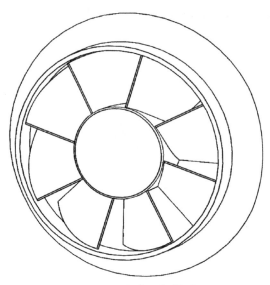

图 5-15 风扇几何模型

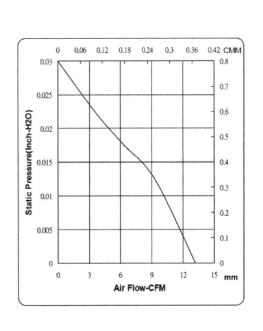

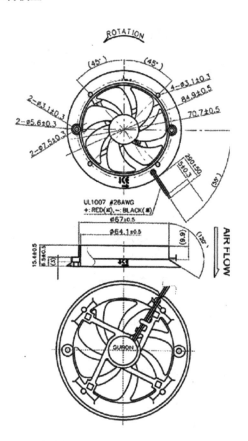

图 5-16 风扇特性曲线和结构信息

如图 5-18 所示,创建一个圆环柱,其几何形体正好将风扇叶片区域进行包围。通过 Flow Analysis→Conditions→Fan 命令,如图 5-19 所示,设置风扇特性参数。

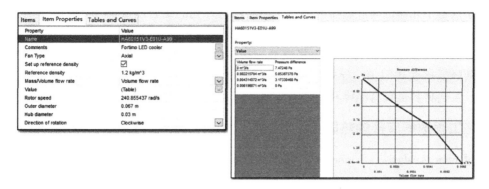

图 5-17 工程数据库中的风扇特性数据

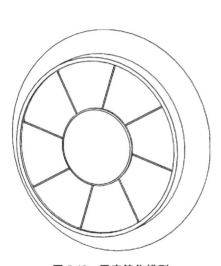

图 5-18 风扇简化模型

图 5-19 风扇特性参数

5.2 接触热阻

5.2.1 背景

由于物体表面存在一定的粗糙度，如图 5-20 所示，任意两个物体接触在一起，在其接触面处存在一定的空气间隙，由此产生的热阻称之为接触热阻。当有大的热流通过这些接触面时，会在接触面的两侧形成较大的温度梯度。

电子设备中元器件与散热器的结合、元器件与外壳的结合以及 PCB 与外壳的结合都面临着接触热阻的问题。目前比较通用的方法是采用导热界面材料来对接触面进行填充，将空气排挤出接触面，从而降低接触热阻值。导热界面材料在强化传热的同时，某些材料也具有绝缘和粘结等特性。

5.2.2　工程数据库接触热阻

通过 Flow Analysis→Engineering Database→Contact Thermal Resistances → User Defined → New Item 命令，图 5-21所示为工程数据接触热阻（Contact Thermal Resistance）特性设置窗口。其中在 Name 设置项中可以设置接触热阻的名称。在 Comments 中可以对接触热阻进行一定的注释。Thermal resistance 为单位面积的接触热阻值。如果接触热阻值随温度发生变化，如图 5-22 所示，可以通过特性设置窗口中的 Tables and Curves 选项卡的 Property 区域进行设置。

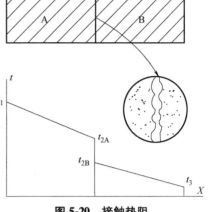

图 5-20　接触热阻

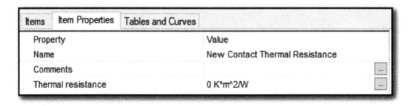

图 5-21　工程数据接触热阻特性设置窗口

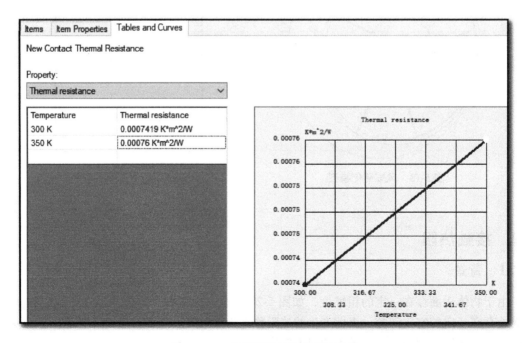

图 5-22　工程数据接触热阻特性数据

5.2.3 接触热阻模型

通过 Flow Analysis→Sources→Thermal Resistance 命令，如图 5-23 所示，打开 Thermal Resistance 窗口。在 Selection 中选择定义接触热阻的表面。如果 Type 设置为 Resistance，则 Thermal Resistance 中选择工程数据库中预定义或自定义的接触热阻。如果 Type 设置为 Resistance（Integral），则可直接指定所需的热阻值，若要指定随坐标或时间变化的值，可单击右侧 Dependency 图标 $\boldsymbol{f_{\!x}}$，如图 5-24 所示，如果 Type 设置为 Material/thickness，则在 Solid Material 中选择工程数据库中预定义或自定义的固体材料。在 Thickness 中输入固体材料的厚度。

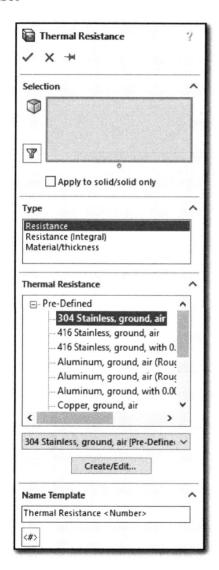

图 5-23 Thermal Resistance 窗口

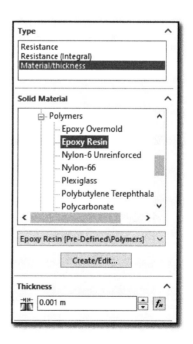

图 5-24 Thermal Resistance 窗口的
Material/thickness 设置

5.2.4 接触热阻建模实例

如图 5-25 所示，需要在封装元件和散热器之间填充某导热界面材料，导热界面材料特性如图 5-26 所示。

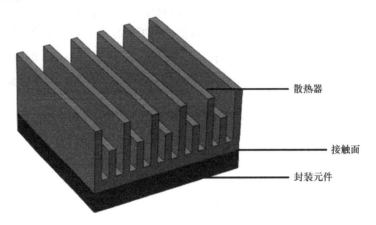

图 5-25 导热界面材料应用场合

PROPERTY	IMPERIAL VALUE	METRIC VALUE	TEST METHOD
Color	Gray	Gray	Visual
Density (g/cc)	4.0	4.0	ASTM D792
Continuous Use Temp (°F) / (°C)	302	150	—
ELECTRICAL			
Electrical Resistivity (Ohm-meter) (1)	N/A	N/A	ASTM D257
THERMAL			
Thermal Conductivity (W/m-K)	4.0	4.0	ASTM D5470

图 5-26 导热界面材料特性

首先，如图 5-27 所示，通过 Flow Analysis→Engineering Database 命令，在软件工程数据库中新建 TIM Material 材料，其中 Thermal conductivity 为导热界面材料的热导率。

Items	Item Properties	Tables and Curves
Property	Value	
Name	TIM 4W/mK	
Comments		—
Density	1000 kg/m^3	
Specific heat	1000 J/(kg*K)	
Conductivity type	Isotropic	∨
Thermal conductivity	4 W/(m*K)	—
Electrical conductivity	Dielectric	∨

图 5-27 工程数据库接触热阻特性数据

通过 Flow Analysis→Sources→Thermal Resistance 命令，如图 5-28 所示，打开 Thermal Resistance 窗口。在 Selection 中选择封装元件与散热器的接触面，Type 选择为 Material/thickness，在 Solid Material 中选择之前新建的导热界面材料。在 Thickness 中需要设置导热界面材料的平均厚度。

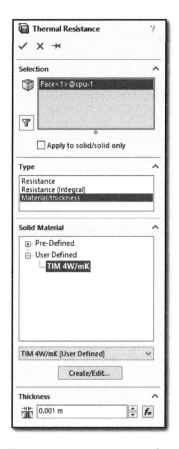

图 5-28　Thermal Resistance 窗口

5.3　双热阻组件

5.3.1　背景

　　双热阻模型因其结构简单、仿真计算量小等优点被广泛用于热仿真中，根据芯片规格书所提供的热阻值，可以方便、快速地建立对应的双热阻模型。芯片规格书中所提供的热阻值不尽相同，需注意区分不同的壳温取点位置以及 R_{jb} 指的是结点到芯片底面的热阻还是结点到 JEDEC 所定义的板子热阻。图 5-29 所示为某芯片规格书所提供的结点到上表面的热阻值以及结点到板子的热阻值。

Device Compact Model[3]	
Junction-to-Case Thermal Resistance, Θ_{JC}	0.04°C/W
Junction-to-Board Thermal Resistance, Θ_{JB}	7.01°C/W

图 5-29　芯片规格书中的双热阻值

在 FloEFD 中创建双热阻模型，首先需要指定器件的一个平面，该平面将被视为器件的壳，系统会将对应的器件用于双热阻模型并定义与所选平面平行的面为下表面。若所选的为多个器件，则器件之间必须互相接触。

5.3.2　双热阻组件工程数据库

通过 Flow Analysis→Engineering Database→Two-Resistor Components→User Defined→New Item 命令，如图 5-30 所示，打开新建工程数据双热阻组件（Two-Resistor Components）特性设置窗口。

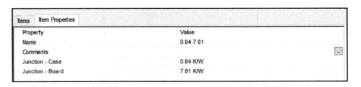

图 5-30　新建工程数据双热阻组件特性设置窗口

其中在 Name 中可以设置双热阻组件的名称。在 Comments 中可以对组件进行一定的注释。Junction-Case 是结壳热阻。Junction-Board 是结点到板子的热阻。

5.3.3　双热阻组件设置

通过 Flow Analysis→Sources→Two-Resistor Component 命令，如图 5-31 所示，打开双热阻组件设置窗口。在 Seleciton 中选择器件的上表面，系统自动选择该器件的下表面为底面。在 Component 中选择图 5-30 中自定义的双热阻组件。Source 可以输入该器件的热功耗。Solid

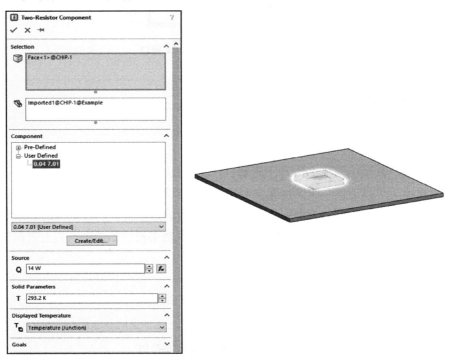

图 5-31　双热阻组件设置

Parameters 可以指定初始温度。Displayed Temperature 可以选择显示表面、结点或者板子温度。勾选 Goals 下方的目标可以自动创建双热阻组件相关的目标。

单击 Dependency 图标 $\boldsymbol{f_x}$，如图 5-32 所示，打开 Dependency 窗口。通过 Constant 选项，可以将双热阻组件的热功耗设置为固定值。通过 F（T）-table 选项，可以将热功耗设置为随温度发生变化。其他选项可以参考 4.10 节的相关设定。

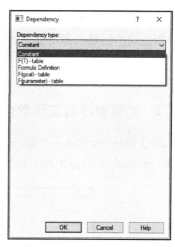

图 5-32　Dependency 窗口

5.4　热电制冷器

5.4.1　背景

热电制冷器（见图 5-33）的英文名称为 Thermoelectric Cooler，缩写为 TEC。其利用半导体材料的帕尔贴效应进行制冷或加热[4]。

如图 5-34 所示，帕尔贴效应是指当一块 N 型半导体（电子型）和一块 P 型半导体（空穴型）连接成电偶对，并在串联的闭合回路中通以直流电流时，在其两端的结点将分别产生吸热和放热现象。根据帕尔贴效应从冷端传递至热端的热量通过式（5-1）进行计算：

$$Q = \alpha I T_c \tag{5-1}$$

式中，α 为塞贝克系数，I 为热电制冷器所通过的电流，T_c 为热电制冷器的冷端温度。

图 5-33　热电制冷器

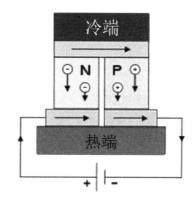

图 5-34　帕尔贴效应原理图

当电流流过导体时，由于电阻的存在，因此必将产生热量。热量的多少与电流的二次方和电阻值的乘积成正比。此外，在热电制冷器中，由于在热电制冷的冷热端存在温差，所以热端的一部分热量会通过热传导的方式进入冷端。由于以上两种效应的存在，实际热电制冷器从冷端吸收的净热量通过式（5-2）计算：

$$Q_c = \alpha I T_c - \frac{1}{2} I^2 R - K \Delta T \tag{5-2}$$

FloEFD 流动与传热仿真入门及案例分析　第 2 版

式中，R 为 TEC 的电阻，K 为 TEC 的热导率，ΔT 为冷热端的温差。

相应的实际热电制冷器从热端散出的净热量通过式（5-3）计算：

$$Q_{\mathrm{h}}=\alpha IT_{\mathrm{c}}+\frac{1}{2}I^2R-K\Delta T \tag{5-3}$$

5.4.2　热电制冷器工程数据库

通过 Flow Analysis→Engineering Database→Thermoelectric Cooler→User Defined→New Item 命令，图 5-35 所示为工程数据库热电制冷器（Thermoelectric Cooler）特性设置窗口。

Property	Value
Name	New Thermoelectric Cooler
Comments	
Maximum pumped heat	(Table)
Maximum temperature drop	(Table)
Maximum current strength	(Table)
Maximum voltage	(Table)

图 5-35　工程数据库热电制冷器特性设置

其中在 Name 中可以设置热电制冷器的名称。在 Comments 中可以对热电制冷器进行一定的注释。Maximum pumped heat 是热冷端面没有温差，在热电制冷器最大工作电流下从冷端吸收的热量。Maximum temperature drop 是冷端吸热量为 0 时，热冷端面之间的最大温差。Maximum current strength 是热电制冷器最大的工作电流。Maximum voltage 是与热电制冷器最大工作电流对应的最大工作电压。单击热电制冷器特性设置窗口上部的 Tables and Curves 选项卡，图 5-36 所示为热电制冷器的特性数据。

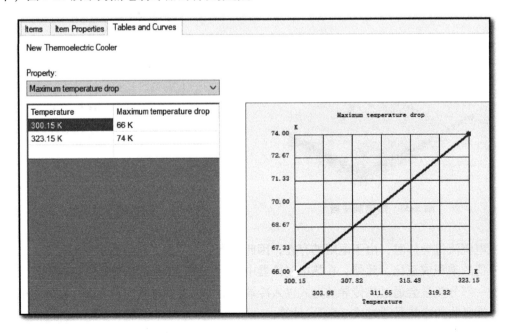

图 5-36　工程数据库热电制冷器特性数据

由于随着热端温度 T_h 的不同，Maximum pumped heat、Maximum temperature drop、Maximum current strength 和 Maximum voltage 的值均会发生变化。通常情况下，热电制冷器供应商会提供两组不同热端温度下的热电制冷器特性参数。

5.4.3　热电制冷器模型

通过 Flow Analysis→Sources→Thermoelectric Cooler 命令，如图 5-37 所示，打开热电制冷器设置窗口。在 Component and Hot Face 中，分别选择热电制冷器的几何模型和热电制冷器的热端面。在 Parameters 中需要设置热电制冷器的工作电流，并且可以从工程数据库中选择预定义或自定义的热电制冷器特性参数。

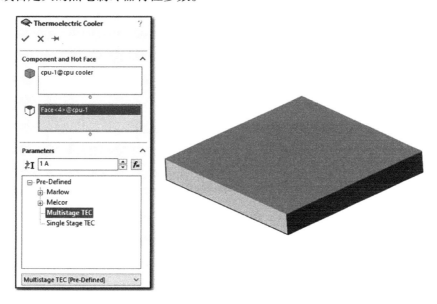

图 5-37　热电制冷器设置

5.4.4　热电制冷器建模实例

图 5-38 所示为某热电制冷器的几何尺寸与不同热端温度下的特性参数。

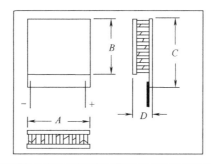

T_h=25℃				T_h=125℃				T_h=200℃				N	直径/mm			
Q_{max} /W	I_{max} /A	V_{max} /V	ΔT_{max} /℃	Q_{max} /W	I_{max} /A	V_{max} /V	ΔT_{max} /℃	Q_{max} /W	I_{max} /A	V_{max} /V	ΔT_{max} /℃		A	B	C	D
1.5	1.2	2.1	64	1.79	1.2	2.9	91	1.77	1.1	3.2	90	18	6	6.2	7.2	2.7

图 5-38　热电制冷器结构和特性参数

通过 Flow Analysis→Engineering Database→Thermoelectric Cooler→User Defined→New Item 命令，如图 5-39 所示，在工程数据库中新建名为 Thermoelectric Cooler 的热电制冷器特性。分别输入热端面 298K、398K 和 473K 时的 Maximum pumped heat、Maximum temperature drop、Maximum current strength 和 Maximum voltage 值。

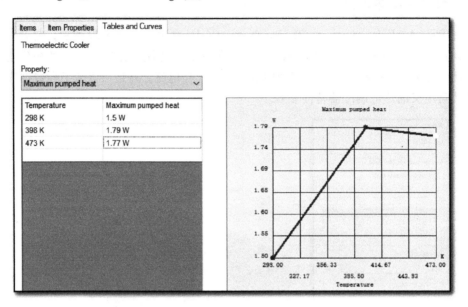

图 5-39　热电制冷器特性数据

根据图 5-40 中热电制冷器的外形尺寸，建立一个立方体。通过 Flow Analysis→Sources→Thermoelectric Cooler 命令，如图 5-40 所示，打开热电制冷器设置窗口，并且设置热电制冷器的相关参数。

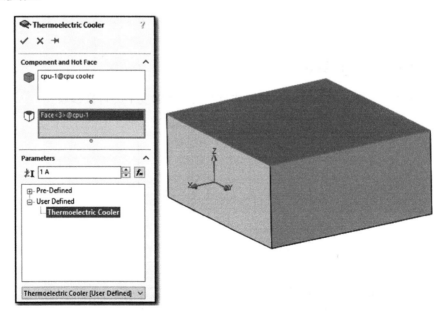

图 5-40　热电制冷器设置

5.5　打孔板

5.5.1　背景

对于一些电子、通信和电力能源等领域的产品而言，出于散热方面的考虑，经常会在外壳上加工一些通风孔。图 5-41 所示为计算机机箱，其在外壳各个方向上均开有六边形通风口，以有助于其内部散热。

如图 5-42 所示，在气流通过打孔板（外壳通风孔）时会产生一定的压力损失，由此在打孔板的前后会形成一定的静压差。由于打孔板上孔的数量和尺寸的原因，如果对其进行网格划分，并计算其两侧所形成的静压差，需要的计算资源较大。为了加快整个系统的仿真计算时间，往往会对打孔板采用一个简化模型。通过设置其开孔率、孔的形式和阻力系数等参数来体现打孔板对于气流的流动阻碍效应[5]。

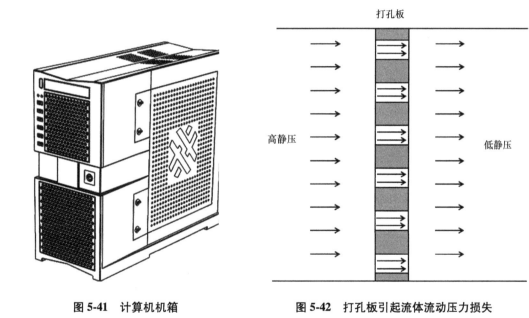

图 5-41　计算机机箱　　　　　　　图 5-42　打孔板引起流体流动压力损失

式（5-4）用于计算打孔板前后的静压力损失：

$$\Delta p = \left(\frac{\xi}{2} \right) \rho v^2 \tag{5-4}$$

式中，ξ 为打孔板流动阻力损失系数，其主要取决于流体流速和打孔板开孔率；ρ 为流体密度（kg/m³）；v 为打孔板处的流体流速（m/s）。

5.5.2　打孔板工程数据库

通过 Flow Analysis→Engineering Database→Perforated Plate→User Defined→New Item 命令，图 5-43 所示为工程数据库打孔板（Perforated Plate）设置窗口。在 Comments 中可以对打孔板进行一定的注释。

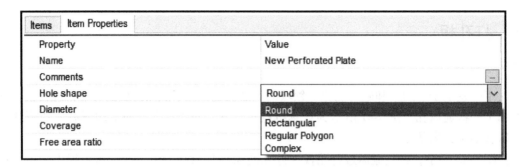

图 5-43　工程数据库打孔板设置窗口

其中 Round、Rectangular 和 Regular Polygon 分别为不同孔的形式。如图 5-44 所示，Hole shape 设置为 Round 时，需要设置圆孔的直径。

Hole shape	Round
Diameter	0 m

图 5-44　Hole shape 为 Round 的设置

如图 5-45 所示，Hole shape 设置为 Rectangular 时，需要设置长方形孔的两条边长。

Hole shape	Rectangular
Height	0 m
Width	0 m

图 5-45　Hole shape 为 Rectangular 的设置

如图 5-46 所示，Hole shape 设置为 Regular Polygon 时，需要设置多边形的边长和边数。

Hole shape	Regular Polygon
Side	0 m
Number of vertices	0

图 5-46　Hole shape 为 Regular Polygon 的设置

如图 5-47 所示，对于一些形状比较特殊的孔而言，可以直接设置为 Complex，之后在 Loss coefficient 中输入打孔板的阻力损失系数。

Hole shape	Complex
Loss coefficient	0

图 5-47　Loss coefficient 的设置

如图 5-48 所示，Coverage 设置项用于确定圆孔、长方形孔和正多边形孔在板上的布置形式。Free Area Ratio 为打孔板的开孔率，即其通风面积与板的面积比。

图 5-48　Coverage 和 Free Area Ratio 设置

如图 5-49 所示，Coverage 设置为 Pitch 时，需要设置 X-pitch 和 Y-pitch 的值，软件会根据设置的参数值自动计算 Free area ratio。

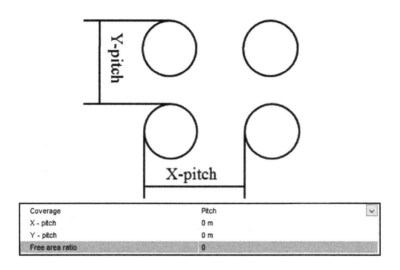

图 5-49　X-pitch 和 Y-pitch 示意图

如图 5-50 所示，Coverage 设置为 Checkerboard Distance 时，需要设置 Distance between centers 的值，软件会根据设置的参数值自动计算 Free area ratio。

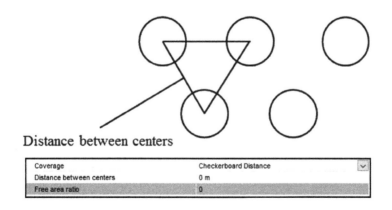

图 5-50　Checkerboard Distance 示意图

5.5.3　打孔板模型

通过 Flow Analysis→Conditions→Perforated Plate 命令，如图 5-51 所示，打开打孔板选择窗口。软件提示需要选择一个定义了环境压力或者风扇（External Inlet Fan 或 External Outlet Fan）边界条件的面。

在几何模型区域或者 FloEFD 模型树中选择一个符合条件的平面。如图 5-52 所示，弹出 Perforated Plate 窗口。在 Selection 中选择定义打孔板的面。在 Perforated Plate 中选择工程数据库中预定义或自定义的打孔板。

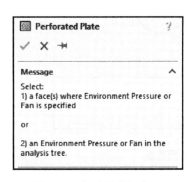

图 5-51　打孔板选择窗口

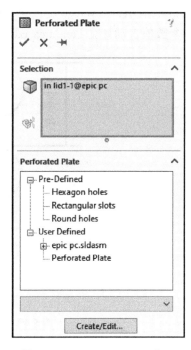

图 5-52　**Perforated Plate 窗口**

5.5.4　打孔板建模实例

如图 5-53 所示，某风扇强迫冷却产品在上盖开了若干通风圆孔。首先通过 FloEFD 的 MCAD 软件功能，如图 5-54 所示，将圆孔所在的区域用立方体块进行替代。

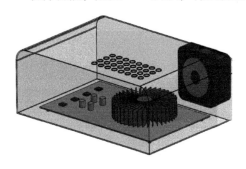

图 5-53　产品原始模型

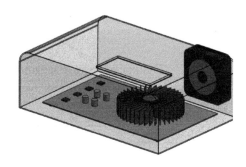

图 5-54　简化通风圆孔产品模型

图 5-55 所示为打孔板开孔尺寸。通过 Flow Analysis→Engineering Database→Perforated Plate→User Defined →New Item 命令，如图 5-56 所示，在工程数据库中新建打孔板特性。

如图 5-57 所示，在 FloEFD 模型树中，首先对立方体块的内表面（朝 PCB 方向）设置环境压力的边界条件。之后通过 Flow Analysis→Conditions→Perforated Plate 命令，如图 5-58 所示，将之前创建的打孔板特性，赋予至设置环境压力的表面上。

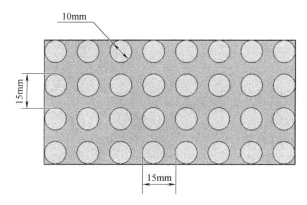

图 5-55　打孔板开孔尺寸

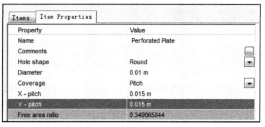

图 5-56　工程数据库中的打孔板特性数据

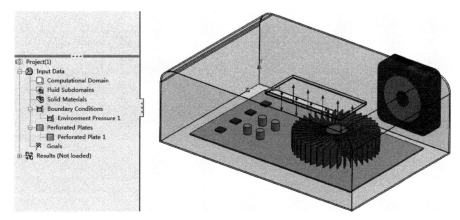

图 5-57　在 FloEFD 中设置环境压力边界条件

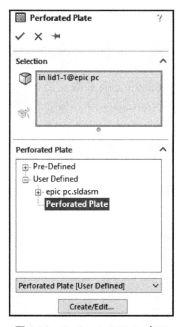

图 5-58　Perforated Plate 窗口

5.6 热连接

5.6.1 背景

在一些电子产品中，当任意两个部件接触在一起时，都可能存在热量的传递。如图 5-59 所示，最为常见的可能是 PCB 与外壳通过六角铜柱和螺栓进行连接。出于模型简化的考虑，如图 5-60 所示，可以将支撑六角铜柱和螺栓去除，直接在铜柱与 PCB 和外壳的接触面上设置一个热连接的特性。将铜柱的热量传递现象通过一个简化模型进行考虑。

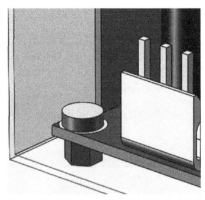

图 5-59　用六角铜柱和螺栓
连接 PCB 与外壳

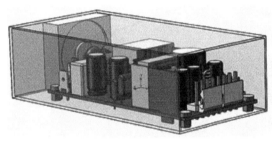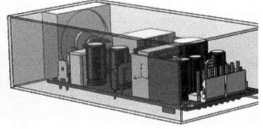

图 5-60　简化几何模型

5.6.2 热连接模型

通过 Flow Analysis→Sources→Thermal Joint 命令，如图 5-61 所示，打开 Thermal Joint 窗口。在 Selection 中分别选择两组进行热连接的表面。当 Heat Transfer Parameter 设置为 Heat Transfer Coefficient（Integral）时，需要设置两组表面之间的热交换系数。当 Heat Transfer Parameter 设置为 Thermal Resistance 时，需要设置两组表面之间的热阻值。

当 Heat Transfer Parameter 设置为 Heat Transfer Coefficient（Integral）时，通过式（5-5）计算两表面之间的传热量：

$$Q = \alpha(T_1 - T_2) \tag{5-5}$$

式中，T_1 和 T_2 为两组表面的温度，α 为 Heat Transfer Coefficient（Integral）。注意，当表面被定义为热连接后，这些表面与周围环境之间没有任何热量交换。

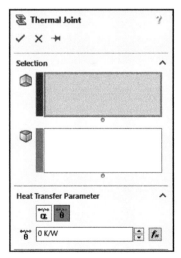

图 5-61　Thermal Joint 窗口

第 6 章

网格基础与操作

6.1 CFD 软件网格简介

网格是 CFD 仿真模型的几何表达形式，也是仿真分析的载体。网格质量的优劣对于 CFD 求解计算效率和精度有着重要的影响。对于某些复杂的 CFD 仿真分析而言，创建网格的过程极其耗费时间，并且存在一定的不确定性。因此，CFD 仿真分析的成功与否，往往取决于网格的创建。

通常情况下网格类型有结构化网格和非结构化网格两种。如图 6-1 所示，结构化网格是指网格区域内所有网格节点排列有序、相邻节点之间的关系明确。其主要具有以下优点：网格创建速度快、网格质量好和结构数据简单等。但其典型的缺点是适用的范围比较窄，只适用于形状规则的几何模型。如图 6-2 所示，非结构化网格的内部节点位置无法用一个固定的法则予以有序的命名。其主要优点是对于复杂几何模型的适应性较好，但网格的创建过程比较复杂。此外，与结构化网格相比，求解计算效率低。

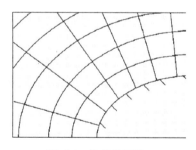

图 6-1　结构化网格

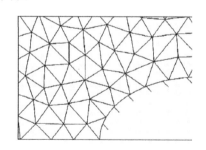

图 6-2　非结构化网格

如图 6-3 所示，三维网格单元的类型可以分为四面体、五面体和六面体网格单元。其中，五面体网格单元还可以分为棱锥和金字塔两种。

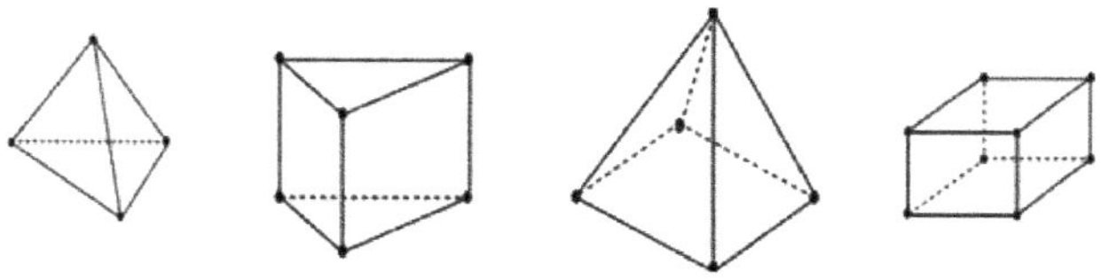

四面体　　　五面体(棱锥)　　　五面体(金字塔)　　　六面体

图 6-3　常用三维网格单元

6.2 FloEFD 网格基础

FloEFD 使用基于有限体积法的离散数值技术来求解热和流动相关问题的控制方程[6]。其采用六面体网格单元来离散仿真项目，网格单元的边界面与全局坐标系的坐标轴垂直。如图 6-4 所示，根据网格内所包含物体形态的不同，可以分为流体网格、固体网格和部分网格。其中流体网格和固体网格内的物体形态只能分别为流体和固体。但部分网格内部既可以存在流体，也可以存在固体。部分网格存在于流体和固体的分界面处，并且在固体表面应用了壁面函数，将流体流动核心区与固体壁面上的物理量用数学的经验式联立起来。

图 6-5 所示为包含流体和固体的部分网格，固体表面将部分网格划分为流体控制体和固体控制体两个区域。每个控制体都有各自的计算节点，并且软件会求解计算每个控制体内的温度、速度和压力等参数。所以，对于 FloEFD 软件而言，其最小的计算单元为控制体，而不是网格单元。正是由于 FloEFD 软件中部分网格的这一特性，所以在一些仿真项目的流固分界面处不需要大量的网格来捕捉模型几何形体。

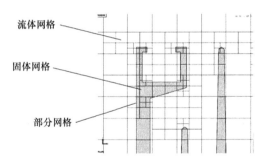

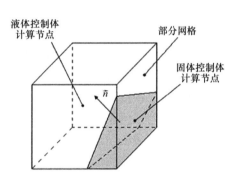

图 6-4　FloEFD 网格分类（根据物体形态）　　　　**图 6-5　由流体和固体组成的部分网格**

在网格创建过程中，FloEFD 首先会创建基础网格（也称之为 0 级网格）。如图 6-6 所示，如果不进行特别的设置，基础网格的大小都一致。在基础网格创建之后，软件会根据网

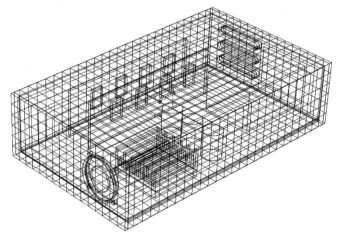

图 6-6　仿真项目创建的基础网格

格的设置和几何模型的特点，进行网格加密。对于三维仿真分析而言，基础网格会在三个方向上进行剖分，即原有的一个基础网格裂变为八个 1 级网格。一个 1 级网格可以裂变为八个 2 级网格。为了保证网格尺寸的平滑过渡，如图 6-7 所示，任何两个网格的级别差不会超过 1。目前 FloEFD 软件中的最大网格级别为 9 级。

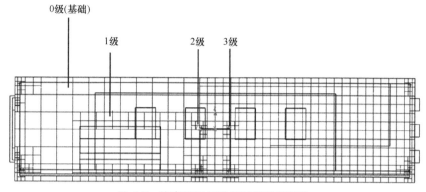

图 6-7　仿真项目创建的不同级别网格

6.3　FloEFD 网格设置

图 6-8 所示为一个封闭腔体，腔体内部有一阀叶，阀叶端部与壳体之间存在 5mm 的缝隙。在腔体的两侧分别设置速度和压力边界条件，以便流体可以通过阀叶与壳体之间的间隙。采用 FloEFD 中不同的网格设置功能，了解这些设置功能的具体作用。

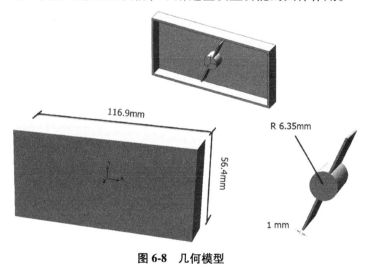

图 6-8　几何模型

6.3.1　自动网格设置

单击 Flow Analysis → Mesh Settings → Global Mesh，如图 6-9 所示，打开 Global Mesh Settings 窗口。Settings 下方的 Level of initial mesh 滑动条 主要控制了基础网格的疏密程

度。图 6-10 所示为不同滑动条设置，对于基础网格的差异。Level of initial mesh 等级越高，计算结果精度越高，但计算所耗费的时间也越长。通常情况下，建议 Level of initial mesh 的等级设为 4 或者 5。

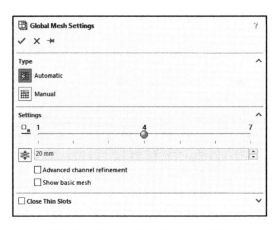

图 6-9 Global Mesh Settings 窗口

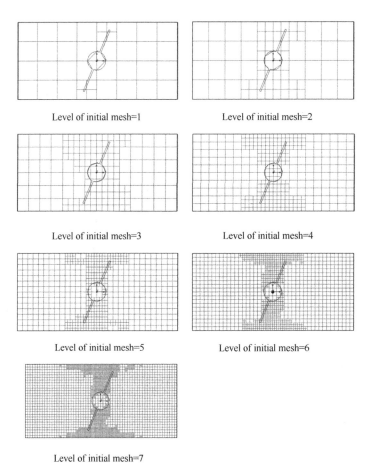

图 6-10 Level of initial mesh 滑动条对于网格的影响

Minimum gap size 选项 用于对仿真项目中的最小缝隙尺寸进行网格加密。如图 6-11 所示，在 Level of initial mesh 为 4 的基础上，如果设置 Minimum gap size 为 5mm（阀叶与壳体之间的距离），则阀叶与壳体之间会有更多的网格。

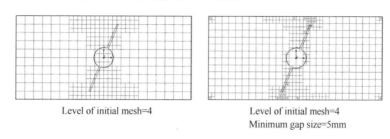

Level of initial mesh=4

Level of initial mesh=4
Minimum gap size=5mm

图 6-11　Minimum gap size 选项对于网格的影响

Advanced channel refinement 选项用于在通道内加密网格数量，以得到更为精确的计算结果。Show basic mesh 选项用于在图形显示区域显示基础网格。Close Thin Slots 选项用于封闭模型中的缝隙，缝隙的尺寸上限通过 Maximum Height of Slots to Close 进行设置。

6.3.2　手动网格设置

FloEFD 使用的数值求解技术有足够的自动化和可靠性，所以在大多数情况下，它不要求使用者了解计算网格的划分及使用的数值计算方法。但是有时如果待解决的模型或问题特别复杂，以至于常规的 FloEFD 数值解决方法需要庞大到无法接受的计算资源（内存及 CPU 计算时间），则应当考虑使用适当的 FloEFD 设置网格选项，以减少网格数量和加快求解效率。

如图 6-12 所示，单击 Flow Analysis→Mesh Settings→Global Mesh，在打开的 Global Mesh Settings 窗口中单击 Manual 选项 ，可以进入手动网格设置窗口。

6.3.2.1　基础网格（Basic Mesh）

FloEFD 中基础网格即 0 级网格。在二维的仿真计算中，被忽略的方向上软件自动生成一个网格。在默认情况下，FloEFD 尽可能构建更接近于正立方体形状的网格。

如图 6-13 所示，Number of cells per X N_X、Number of cells per Y N_Y 和 Number of cells per Z N_Z 分别为沿系统坐标 X、Y 和 Z 方向的基础网格数目。也可以单击右侧的 Switch to Size/Number of Cells per X 进行切换，采用不同的方式控制 X 方向上的基础网格数量。勾选 Show 选项，可以在图形显示区域显示基础网格。单击 Control Planes 按钮，打开控制平面的窗口。其中 X min 和 X max 确定 X 方向的控制平面极限位置，Number 确定 X 方向的网格数量。Ratio 确定 X 方向两个极限位置的网格比值，如图 6-13 中显示的 Ratio 为 5。Y 方向的基础网格控制方式与 X 方向相同。

控制平面特别适用于外部流场的分析，由于这种情况下计算域的尺寸要比几何模型大很多。通过设置控制平面，可以只在几何模型处产生较密的网格。

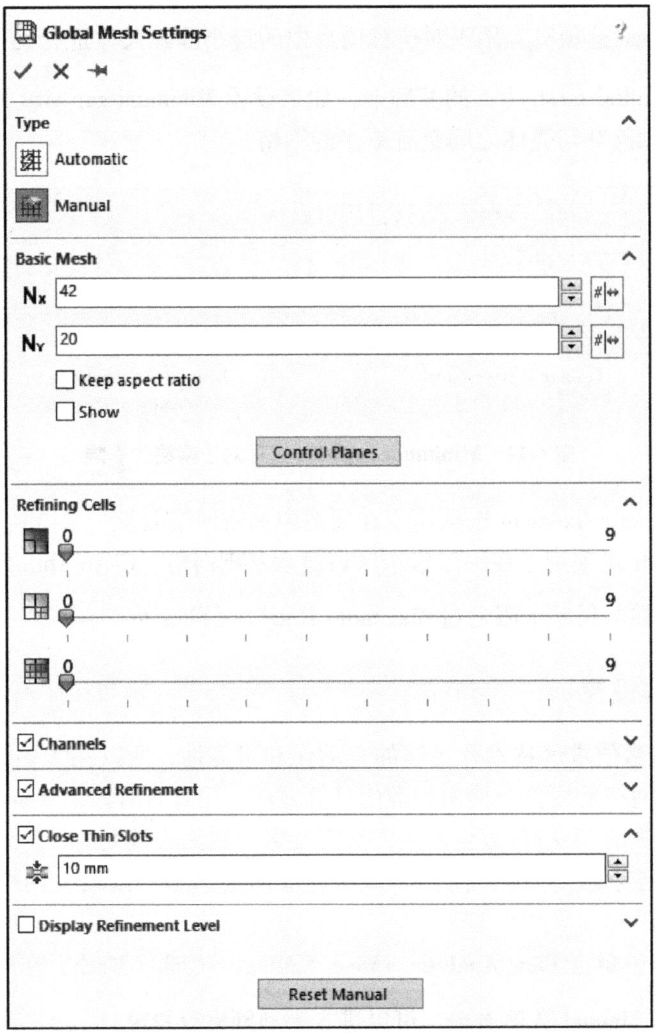

图 6-12　Global Mesh Settings 窗口

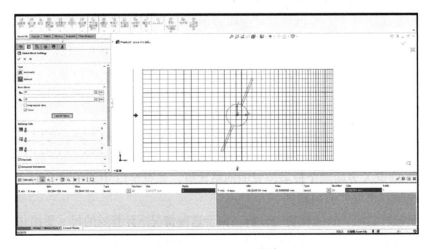

图 6-13　Basic Mesh 设置窗口

6.3.2.2　网格细化（Refining Cells）

图 6-14 所示为网格细化（Refining Cells）的设置选项。网格细化是将某个立方体计算网格拆分成八个子网格的过程，这八个网格由垂直并平分原网格各边的平面切割而成。没有被拆分的网格被称为基础网格或 0 级网格。由基础网格拆分一次得到的网格称为 1 级网格，1 级网格再拆分一次形成 2 级网格，更多级网格以此类推。基础网格的最大拆分次数是 9 次，即 9 级网格的体积是基础网格的 $1/8^9$。

Level of Refining Fluid Cells 是针对所有流体网格进行网格的细化（拆分），细化的等级通过右侧滑动条进行控制。Level of Refining Solid Cells 和 Level of Refining Cells at Fluid/Solid Boundary 分别是对固体网格和流固网格进行细化。细化的等级通过其右侧的滑动条进行控制。

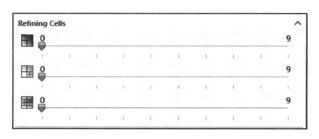

图 6-14　手动网格设置 Refining Cells

6.3.2.3　通道网格细化（Narrow Channels）

通道网格细化适用于计算域内每一个流体通道。通道是一种泛指，它是指仿真模型内流固界面法线方向上的流体通道。

通道网格细化的基本思路是用足够的网格数量来描述通道以得到合理的求解精度等级。对于有通道的低雷诺数的分析或者特别长通道的分析，通道优化的设置尤为重要，因为在这些分析里，边界层的厚度变得与边界层发展段部分网格的尺寸相当。

图 6-15 所示为通道网格细化选项。Characteristic Number of Cells Across Channel 是流体通道内流固界面法线方向上设置的网格数量（包括流固网格）。如果可能，在通道截面上的网格数量将等于或尽量接近 Characteristic Number of Cells Across Channel 设定值。通道内流固界面法线方向上的网格数量也会受到 Maximum Channels Refinement Level 的影响。

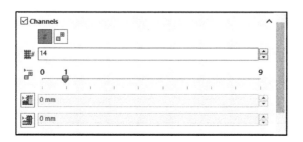

图 6-15　手动网格设置 Narrow Channels 选项卡

图 6-16 所示为不同 Characteristic Number of Cells Across Channel 和 Maximum Channels Refinement Level 设置对于通道内网格的影响。当 Maximum Channels Refinement Level 设置为 1 时，通道内只能基于基础网格进行一次网格细化；当 Maximum Channels Refinement Level 设置为 2 时，通道内只能基于基础网格进行两次网格细化；依此类推，当 Maximum Channels Refinement Level 设置为 3 时，通道内的网格数目为 8（包含流固网格）。之后，即便 Maximum Channels Refinement Level 设置为 4，但由于通道内的网格数目已经达到了 Characteristic Number of Cells Across Channel 的设置值，所以软件不再进一步进行网格细化。

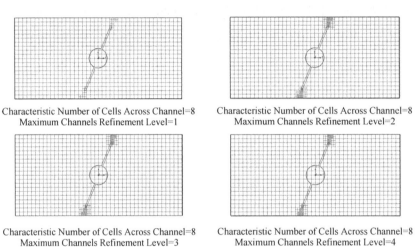

图 6-16　**Narrow Channels Refinement Level** 设置对于网格的影响

Minimum Height of Channel to Refine 🔲 和 Maximum Height of Channel to Refine 🔲 用于确定进行网格细化的通道尺寸。

6.3.2.4　高级细化

图 6-17 所示为高级网格细化的选项。由于流体与固体分界面处的物理量变化比较剧烈，其主要用于流固网格的细化，以得到精确的计算结果。流固网格细化可以分为 Small Solid Features Refinement Level 🔲、Curvature Level 🔲 和 Tolerance Level 🔲 三种方式。

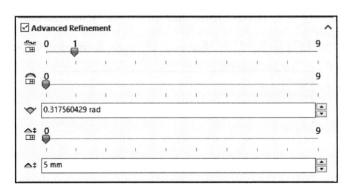

图 6-17　高级网格细化的选项

小固体特征细化（Small Solid Features Refinement Level）用于捕捉细小固体特征。如图 6-18 所示，当 Small Solid Features Refinement Level 为 1 时，软件无法对小固体特性进行完整的描述。但 Small Solid Features Refinement Level 为 4 时，由于网格进行了 4 次细化，所以小固体特征得到了准确的描述。

Small Solid Features Refinement Level = 1　　Small Solid Features Refinement Level = 4

图 6-18　Small Solid Features Refinement Level 设置对于网格的影响

曲面细化（Curvature Level）是指细化计算网格以使网格内的流固界面的曲率小于设定的曲面细化阈值（Curvature Criterion）。

曲面细化的流程分以下几个步骤：

1）FloEFD 将采用多个平面来近似圆弧面。

2）在网格内部平面的法向量间的最大夹角被确定，该值作为每个网格局部界面的弯曲度。

3）如果该值超过曲面细化阈值（Curvature Criterion），并且网格还没有达到指定的曲面细化级别，则该网格被进一步细化。

曲面细化是一个强大的工具，可以用来生成适合并且优化的计算网格。如图 6-19 所示，某球体通过不同的曲面细化设置得到不同的网格。

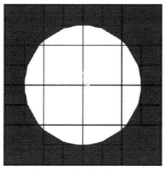 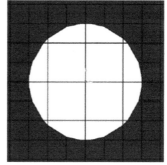

Curvature Level = 2　　　　　　　　　Curvature Level = 2
Curvature Criterion =0.317　　　　　　Curvature Criterion =0.1

图 6-19　Curvature Level 和 Curvature Criterion 设置对于网格的影响

公差细化（Tolerance Level）允许用户控制网格数量对实际界面进行多面体近似的精确程度。公差细化影响到的网格有可能同时受到小固体特征细化和曲面细化的影响。它对于界面曲率的捕获比小固体特征细化更有效。如图 6-20 所示，公差细化可以分辨出相同曲率但尺寸不同的特征。这样可以避免在不是很重要的区域过分细化网格。

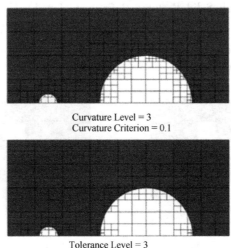

Curvature Level = 3
Curvature Criterion = 0.1

Tolerance Level = 3
Tolerance Criterion = 5mm

图6-20 Tolerance Level 和 Tolerance Criterion 设置对于网格的影响

6.3.3 局部网格设置

通过局部网格优化可以加强几何模型的描述、提升求解的精度和降低计算资源的要求。通常会在温度、速度和压力等物理量梯度变化比较剧烈的地方进行局部初始网格加密。发热芯片、设备的流体进出口和风扇等区域都可以进行局部网格设置。

单击 Flow Analysis→Mesh Settings→Local Mesh，图6-21所示为局部网格设置（Local Mesh Settings）的界面。其中 Reference 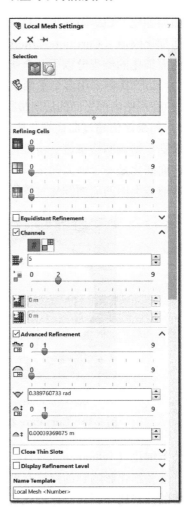 可以选择 Components，Faces，Edges，Vertices to Apply the Local Mesh Settings，用于选择进行局部网格加密的几何形体，这些几何体可以是部件、面、边和点。

局部网格（Local Mesh）中的设置选项与全局网格（Global Mesh）基本一致，除了 Equidistant Refinement 设置选项之外。如图6-22所示，Number of Shells 用于设置网格细化的层数，最多是3层。Maximum Equidistant Level 用于设置最靠近物体那一层的细化网格等级。远离物体一层，则细化等级减少一级。Offset Distance 是每一层的距离。图6-23所示为一个 Equidistant Refinement 的实例。

图6-21 Local Mesh Settings 窗口

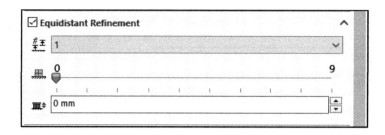

图 6-22　Equidistant Refinement 设置界面

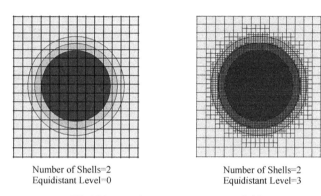

Number of Shells=2
Equidistant Level=0

Number of Shells=2
Equidistant Level=3

图 6-23　Equidistant Refinement 实例

6.3.4　自适应网格划分

由于以上介绍的网格划分过程都是在计算求解前完成的，所有得到的网格不能够解决所有的计算问题。为了解决这一问题，在求解计算过程中的某些时刻，根据求解物理量的空间梯度对计算网格进行进一步优化。作为优化结果，在物理量梯度小的区域网格被合并，在物理量梯度大的区域网格被细分。在求解过程中优化计算网格时刻的选择可以由软件自动生成，也可以由人工设定。这种网格随求解计算结果变化的技术称为自适应网格技术。

如图 6-24 所示，通过 Flow Analysis→Calculation Control Options→Refinement 打开自适应网格设置界面。其中 Global Domain 用于设置网格细化的等级。由于自适应网格的划分数量有一定的不确定性，所以通过 Approximate maximum cells 设置项可以控制自适应网格的最大数目。Refinement strategy 用于确定自适应网格细化的方式。Periodic 表示会周期性地进行自适应网格细化。Tabular 表示根据人为设置进行自适应网格细化。Manual only 表示在计算过程中手动单击进行自适应网格细化。Relaxation interval 表示最后一次自适应网格细化和停止计算之间的间隔。如图 6-24 所示，最后一次自适应网格细化和停止计算之间必须间隔 0.2 个 Travels。

图 6-25 所示为采用自适应网格技术对于网格和计算结果的影响。在采用自适应网格技术之后，在流动通道内的网格得到加密，速度的计算结果也更为合理。

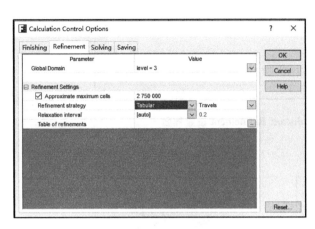

图 6-24　自适应网格设置界面

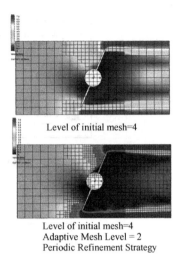

Level of initial mesh=4

Level of initial mesh=4
Adaptive Mesh Level = 2
Periodic Refinement Strategy

图 6-25　自适应网格技术对于
网格和计算结果的影响

6.4　小结

对于创建合理高效的网格，大部分时候是要根据具体的几何结构和求解问题来设置参数，但是有以下一些通用原则可以参考：

1）在初始阶段，使用软件的默认（自动）网格划分设置来划分网格。从初始网格等级（Level of initial mesh）为 4 开始。在这一阶段，要获得合适的网格，设定正确的最小缝隙尺寸（minimum gap size）很重要。默认的最小缝隙尺寸是根据整体模型尺寸、计算域尺寸和设定的边界条件等信息产生的。

2）仔细分析获得的系统自动生成的网格，尤其关注总体的网格数量、感兴趣区域和通道内的网格情况。如果自动生成的网格不能满足要求，并且改变最小缝隙尺寸的设定值也得不到想要的效果，那么可以考虑采用手动网格划分。

3）在进行手动网格划分时，细化网格（Refining Cells）可以方便地进行网格细化。由于在流固界面处的物理量变化比较剧烈，所以通常可以对流固网格（Fluid/Solid）进行细化。在细化完成之后，可以查看网格的数量及分布。

4）如果有需要也可以进行局部网格的细化。通常会在仿真模型中物理量变化剧烈的区域（芯片、设备的流体进出口和风扇等）进行网格部件细化。

5）当无法确定仿真项目中物理量剧烈变化的区域时，可以采用自适应网格技术。由于采用此技术有可能会产生大量的网格，所以必须根据计算机性能设置自适应网格最大数目（Approximate maximum cells）。

第 7 章

求解计算和监控

7.1 计算控制选项

单击 Flow Analysis→Calculation Control Options 命令。如图 7-1 所示，激活 Calculation Control Options 窗口。

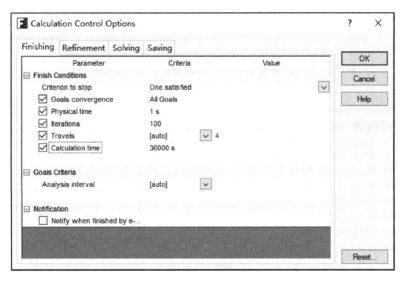

图 7-1 Calculation Control Options 窗口

其中 Finishing 选项卡用于设置软件求解计算终止条件。如果 Criterion to stop 选择 One satisfied，则当软件计算过程中满足任意罗列标准即停止计算。如果选择 All satisfied，则软件只有在满足所有罗列标准之后才停止计算。

如果勾选 Goals convergence 选项，则项目中 Goals 的收敛与否会影响求解计算的终止。如果该选项不做勾选，则项目中 Goals 仅仅作为信息进行监控，不会影响求解计算的终止。

Physical time 选项只适用于瞬态分析计算，其用于设置瞬态过程持续的物理时间。

Iterations 选项用于设置求解计算的迭代次数。

Travels 选项用于设置求解计算的行程数目。

Calculation time 选项用于设置计算机的求解计算时间。

Goals Criteria 中可以设置目标的收敛值，或者由软件自动确定收敛值。

Notification 中可以勾选 Notify when finished by email，设置一个 email 地址。当计算机求解完成之后，可以发送一个通知至邮箱。

如图 7-2 所示，Refinement 选项卡用于控制求解过程中自适应网格的创建方法和数目。Global Domain 用于设置自适应网格的等级。

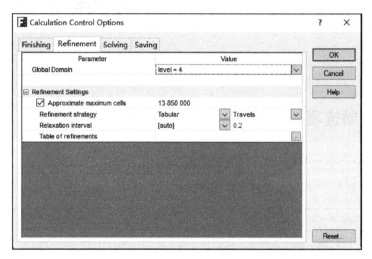

图 7-2　Calculation Control Options 窗口 Refinement 选项卡

Refinement Settings 用于设置自适应网格的一些参数。其中 Approximate maximum cells 用于设置自适应网格最大的数量。Refinement strategy 用于设置自适应网格进行的方式，主要有手动、周期性、表格和目标收敛等几种方式。

如图 7-3 所示，Solving 选项卡用于控制在求解计算过程中保存计算结果。

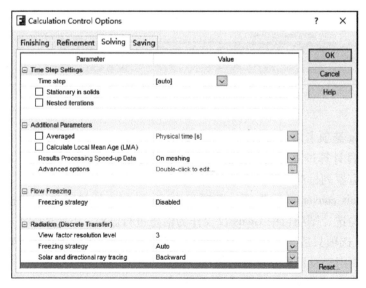

图 7-3　Calculation Control Options 窗口 Solving 选项卡

　　Calculated Local Mean Age（LMA）适用于 HVAC 模块，通过激活该选项可以计算空气的 LMA 值。

　　Flow Freezing 选项用于冻结流动参数值，从而加快项目求解计算时间。由于在项目计算过程中，温度值的收敛要比其他速度等参数值慢很多，所以可以将项目的流场在求解一段时间后进行冻结，之后只对温度进行求解计算。

　　如图 7-4 所示，Saving 选项卡用于控制在求解计算过程中保存计算结果。

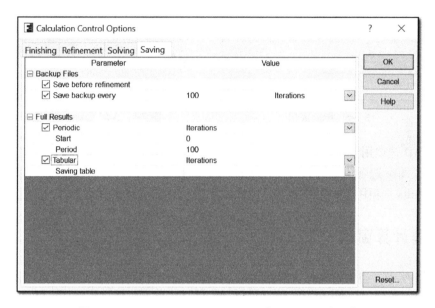

图 7-4　Calculation Control Options 窗口 Saving 选项卡

　　Save before refinement 选项用于在采用自适应网格功能时，在每一次网格细化之前自动备份文件。

　　Save backup every 选项用于设置每多少个迭代步进行一次备份文件。

　　Periodic 选项用于在求解过程中周期性保存求解结果。Start 设置项用于设置结果保存的起始迭代次数或计算求解时间。Period 设置项用于设置保存结果的周期。

　　Tabular 选项用于手动定义结果保存方式。可以选择基于迭代次数或计算求解时间进行结果保存。Saving table 设置框中可以设置将具体迭代次数或计算求解时间的结果进行保存。

7.2　运行计算设置

　　单击 Flow Analysis→Solve 和 Run 命令。如图 7-5 所示，激活 Run 窗口。

　　Mesh 选项用于对项目进行网格划分。如果项目之前未进行过网格划分，则软件会自动勾选此选项。

　　Solve 选项用于对项目进行求解计算。New calculation 选项以指定的初始条件为起始进行计算。Continue calculation 选项用于对之前停止计算的项目继续进行计算。选择此选项的同时，Mesh 选项会被自动清除。

　　通过 Run at 可以使项目运行求解在本地计算机或同一网络内其他计算机。如图 7-6 所示，通过 Add Computer 窗口，可以添加同一局域网内的计算机。

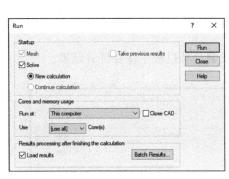

图 7-5　Run 窗口

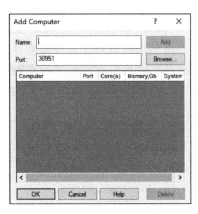

图 7-6　Add Computer 窗口

Close CAD 选项用于在求解计算过程中，关闭 CAD 软件界面，从而释放出之前所使用的 CAD License。Use 选项用于选择参与计算的 CPU 线程数。

Load results 选项用于确定是否在计算完成之后，自动加载仿真结果。

7.3　求解计算窗口

如图 7-7 所示，当软件进行求解计算时，Solver 窗口自动弹出。其中又可显示 Goal plot、Info、List of Goals、Log 和 Preview Plots 等子窗口。

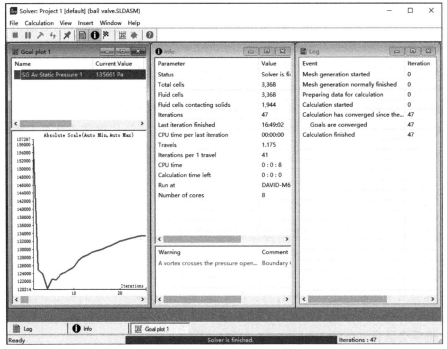

图 7-7　求解计算窗口

其中 Info 子窗口中显示了网格数量、当前迭代次数、最近一次迭代计算完成时间、计算所耗费时间以及预计剩余计算时间等信息。

Log 子窗口中显示了项目进行准备、计算开始和计算完成的时间信息。

Goal plot 子窗口中显示了项目目标随迭代计算的相关信息，其可以通过图表和数值的方式进行显示。

List of Goals 子窗口中通过数值的方式显示目标的当前值。

Preview Plots 可以显示求解域中某个切面上参数值随迭代次数的变化。图 7-8 所示为随迭代次数变化的切面压力云图。如图 7-9 所示，通过 Preview Settings 窗口可以控制 Preview Plots 窗口中显示的参数值、切面位置等。

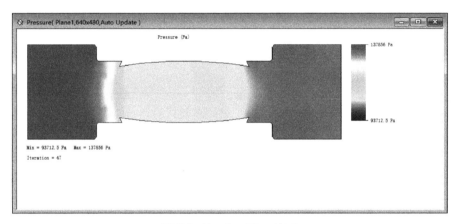

图 7-8　Preview Plots 窗口

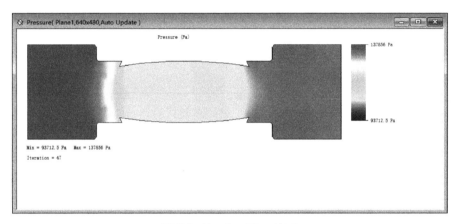

图 7-9　Preview Settings 窗口

第 8 章

结果后处理和操作

本章通过一电源模块（Power Supply）仿真分析案例，介绍 FloEFD 相关的后处理功能和操作。打开 FloEFD 软件，单击 File→Open，打开 Power Supply 文件夹下的 CUI-DEFAULT。如图 8-1 所示，单击 Flow Analysis→Solve→Run 命令，在弹出的 Run 窗口中，单击 Run 按钮，对此项目进行求解计算。

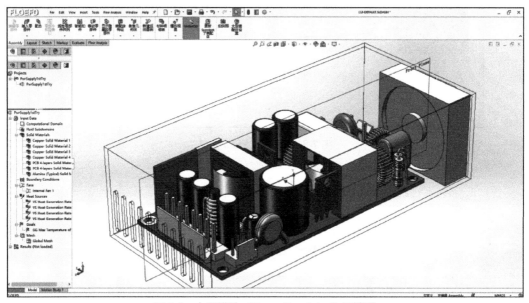

图 8-1 电源模块（Power Supply）几何模型

8.1 场景

FloEFD 可以保存图形显示区域的图片，甚至是图形显示区域没有显示的图片。如图 8-2 所示，右击 Results 模型树下的 Scenes，在弹出的菜单中选择 Insert。

如图 8-3 所示，右击之前创建的 Scene 1，在弹出的菜单中选择 Save As...，图 8-4 所示为 Scene 1 的特性页。其中 Type 中可以选择场景输出的照片格式。View Mode 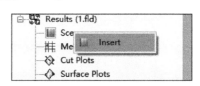 中可以选择输出的几何模型形式，可以在线框（Wireframe）、阴影（Shaded）、带线条阴影（Shaded

图 8-2 FloEFD 结果模型树

with Edges）等选项中选择。Resize and Orientation 主要用于设置场景中的物体大小和位置等信息，注意输出的场景照片可以与图形显示内容中的不一样。Background 用于设置场景照片的背景颜色或梯度。File Name 中可以设置场景照片的名字。单击 Save 按钮进行场景的保存。

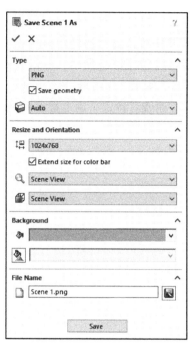

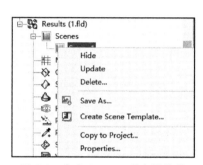

图 8-3　右击 Scene 1 弹出的菜单　　　　　图 8-4　Scene 1 特性页

　　图 8-5 所示为场景保存的案例。其中左下角显示的场景图片与图形显示区域中的图片可

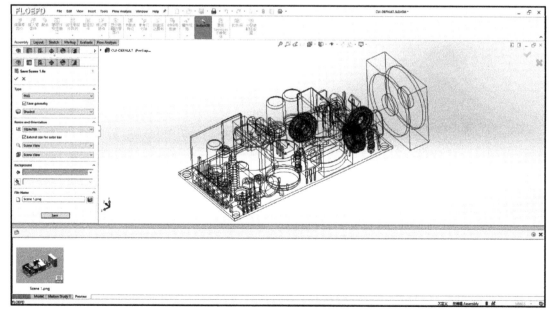

图 8-5　场景保存案例

以有所差异。场景较为有用的用途是对项目的多个优化方案进行对比，由于可以采用相同的视角、后处理和大小，所以在对这些方案进行对比时较为直观。

8.2 网格显示

FloEFD 中可以显示初始计算网格（如果采用自适应网格功能，网格会随求解计算的进行发生变化）。如图 8-6 所示，右击 Results 模型树下的 Mesh，在弹出的菜单中选择 Insert。

如图 8-7 所示，Display 中有 Plots、Cells 和 Channels 三个选项。如果选择 Plots 选项，可以在物体表面或者特定平面上显示网格。如图 8-8 所示，在物体表面和 XZ 平面上同时显示了不同细化等级的网格。

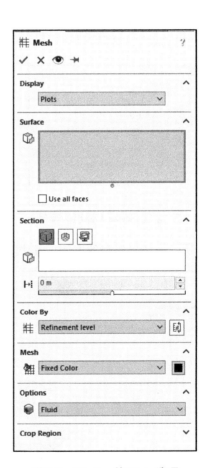

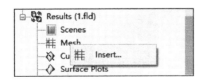

图 8-6　FloEFD 结果模型树　　　　　图 8-7　Display 的 Plots 选项

如图 8-9 所示，如果选择 Channels 选项，可以在图形显示区域显示 Channels 网格。其中，Maximum E^f 和 Minimum $\mathsf{E}_\mathsf{,}$ 确定了显示网格所在 Channels 的高度。如图 8-10 所示，在图形显示区域显示了 Channels 内部网格，这些 Channels 的高度符合设置要求。

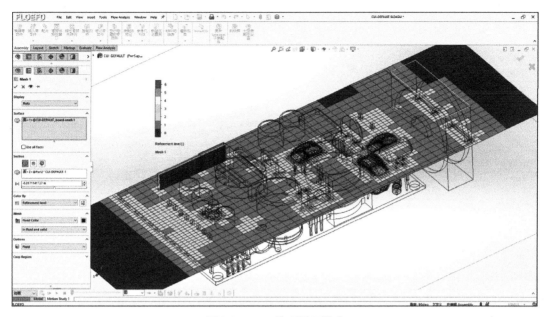

图 8-8　Plots 选项显示模式

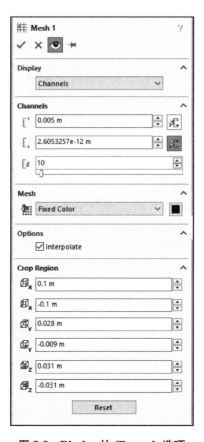

图 8-9　Display 的 Channels 选项

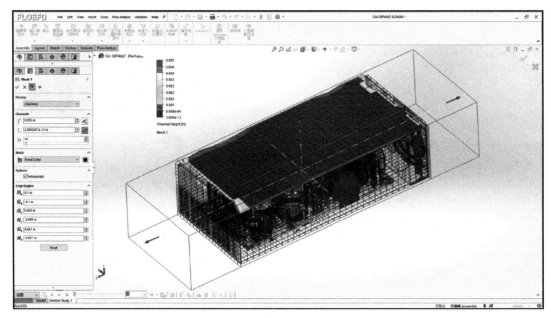

图 8-10　**Channels** 选项显示模式

8.3　切面云图

FloEFD 中可以以切面为载体，在其上显示温度、速率、压力、热流量和速度等参数仿真计算结果。如图 8-11 所示，右击 Results 模型树下的 Cut Plots，在弹出的菜单中选择 Insert，打开 Cut Plot 窗口。

图 8-12 所示为 Cut Plot 窗口。其中 Selection 设置项区域用于确定切平面所在位置。切面既可以参照几何模型的表面，也可以与显示屏成一定角度关系。

图 8-11　**FloEFD** 结果模型树

Display 设置项区域用于确定切平面上参数结果显示。Contours 选项用于以等高线形式显示计算参数结果。Isolines 选项用于以等值线形式显示计算参数结果。Vectors 选项用于设置切面上矢量参数的结果。Streamlines 选项用于以动态流线的形式显示计算参数结果，其特点是在进行视图缩放时，软件可以自动控制流线的密度。Mesh 选项用于在切平面上显示网格。

如图 8-13 所示，当在 Display 区域选择 Contours 之后，会出现 Contours 特性设置区域，在其中可以设置等高线的参数、刻度标尺值上下限（Adjust Minimum and Maximum ▯）和刻度标尺级别数目（Number of Level ▯）。3D profile 用于以 3D 立体形式显示参数结果，参数值越大，则立体感越强。

如图 8-14 所示，在 Display 区域选择 Isolines 之后，会出现 Isolines 特性设置区域，在其中可以设置等值线标识的参数、刻度标尺值上下限（Adjust Minimum and Maximum ▯）、刻度标尺级别数目（Number of Level　 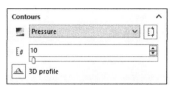　）和等值线宽度等特性。

图 8-12　Cut Plot 窗口

图 8-13　Contours 设置区域

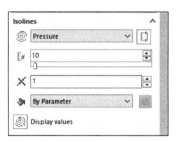

图 8-14　Isolines 设置区域

　　如图 8-15 所示，在 Display 区域选择 Vectors 之后，会出现 Vectors 特性设置区域，在其中可以设置切平面显示矢量、矢量箭头大小和颜色等特性。

　　如图 8-16 所示，在 Display 区域选择 Streamlines 之后，会出现 Streamlines 特性设置区域，在其中可以设置动态流线的形式。其中等间距线（Evenly Spaced Lines　 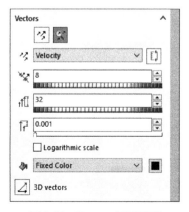　）是以疏密程度相同的线条显示矢量参数。

线积分卷积（Line Integral Convolution　 　）是通过线积分卷积技术显示矢量参数，此选项有助于观察流动的全局疏密程度。

图 8-15　Vectors 设置区域

如图 8-17 所示，在 Display 区域选择 Mesh 之后，会出现 Mesh 特性设置区域，在其中可以设置切平面显示的网格类型和颜色。

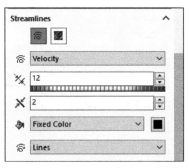

图 8-16 Streamlines 特性设置区域

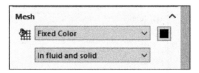

图 8-17 Mesh 特性设置区域

如图 8-12 所示，Options 设置区域用于设置切平面的常规属性。默认情况下，FloEFD 显示的结果基于原始几何模型。但根据计算网格求解模型的精确程度，计算过程中使用的模型与原始几何模型可能存在略微差异。通过 Use CAD geometry 选项可以查看到实际计算模型。默认情况下，软件将网格中心计算得到的参数结果进行内插处理，可以获得平滑过渡的参数结果。通过 Interpolate 选项可以查看到未经内插处理的网格中心计算结果。Display outlines 用于显示切面云图的边界线。Display boundary layer 用于显示切面图中的边界层。Plot Transparency 用于控制切平面的透明度。

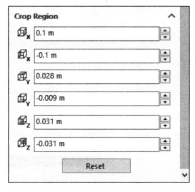

图 8-18 Corp Region 特性设置区域

如图 8-18 所示，Crop Region 用于设置切平面的显示区域。

如图 8-19 所示，设置切平面特性参数，在图形显示区域可以查看到温度切面云图。

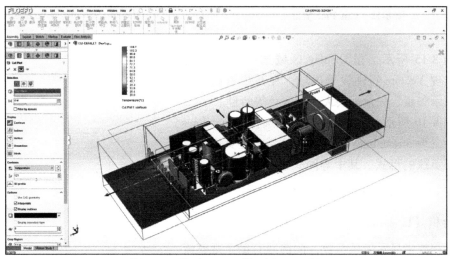

图 8-19 图形显示区域温度切面云图

如图 8-20 所示，设置切平面特性参数，在图形显示区域可以查看到速度动态流线切面云图。

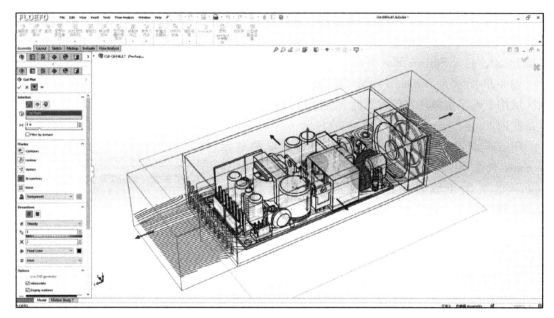

图 8-20 图形显示区域速度动态流线切面云图

如图 8-21 所示，设置切平面特性参数，在图形显示区域可以查看到速度等值线切面云图。

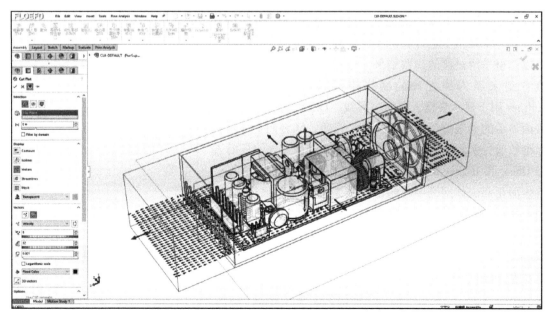

图 8-21 图形显示区域速度等值线切面云图

8.4 表面云图

FloEFD 中也可以以物体表面为载体，在其上显示温度、速率、压力、热流量和速度等参数仿真计算结果。如图 8-22 所示，右击 Results 模型树下的 Surface Plots，在弹出的菜单中选择 Insert，打开 Surface Plot 窗口。

图 8-23 所示为 Surface Plot 窗口。其中 Selection 设置项区域用于确定表面所在位置，此表面既可以是平面也可以是曲面。

Display 设置项区域用于确定表面上参数结果显示。Contours 选项用于以等高线形式显示计算参数结果。Isolines 选项用于以等值线形式显示计算参数结果。Vectors 选项用于设置表面上矢量参数的结果。Streamlines 选项用于以动态流线的形式显示计算参数结果，其特点是在进行视图缩放时，软件可以自动控制流线的密度。Mesh 选项用于在表面上显示网格。

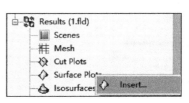

图 8-22 FloEFD 结果模型树

Contours、Isolines、Vectors、Streamlines 和 Mesh 特性设置与切面云图中的设置相类似。

如图 8-24 所示，Options 设置区域用于设置表面的常规属性。默认情况下，FloEFD 显示的结果基于原始几何模型。但根据计算网格求解模型的精确程度，计算过程中使用的模型与原始几何模型可能存在略微差异。通过 Use CAD geometry 选项可以查看到实际计算模型。默认情况下，软件将网格中心计算得到的参数结果进行内插处理，可以获得平滑过渡的参数结果。通过 Interpolate 选项可以查看到未经内插处理的网格中心计算结果。Display outlines 用于显示表面云图的边界线。Offset 选项用于控制表面显示的参数值。如果不选择此选项，则表面会显示实际参数值，例如非滑移物体表面上的速度为零。当同时选择 Offset 和 Interpolate 选项时，软件根据标准的内插算法将表面相邻流体网格中心的参数结果值内插至物体表面。当选择 Offset 选项，但未选择 Interpolate 时，软件将表面相邻流体网格中心的参数结果值显示在物体表面。Plot Transparency 用于控制切平面的透明度。

在 FloEFD 模型树中选择 Temperature（Solid），并且右击 Results 中的 Surface Plots，在弹出的菜单中选择 Insert。如图 8-25 所示，设置 Surface Plot 特性参数，可以查看到电解电容的表面温度。

图 8-23 Surface Plot 窗口

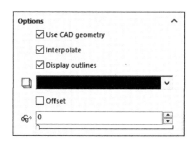

图 8-24 Options 特性设置区域

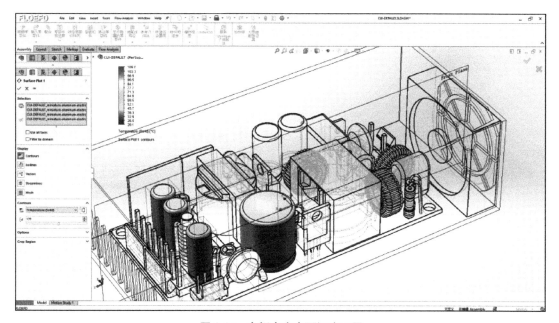

图 8-25 电解电容表面温度云图

8.5 等值面云图

FloEFD 中可以显示温度、速率、压力、热流量和速度等参数的等值面云图。如图 8-26 所示，右击 Results 模型树下的 Isosurfaces，在弹出的菜单中选择 Insert，打开 Isosurfaces 窗口。

图 8-27 所示为 Isosurfaces 窗口。其中 Parameter 设置项区域用于确定等值面的参数。Definition 中的 One by One 选项用于设定等值面的数值。Value 1 和 Value 2 区域用于设置等值面参数值。如果选择 Number of Levels 则需要设定参数的上下限，图形区域显示参数上下限之间的等值面。Appearance 设置区域用于设置等值面的外观。其中 Color by 设置项 🖌 可以采用某个参数渲染等值面。Plot Transparence 设置项 👓 用于控制等值面的透明度。Grid 设置项 🔷 用于在等值面上显示网格，其主要作用是有助于显示等值面形状。Crop Region

用于确定显示等值面区域。

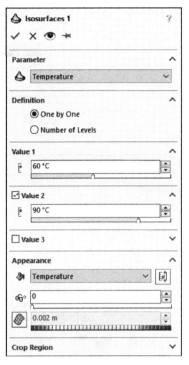

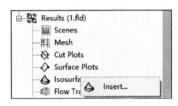

图 8-26　FloEFD 结果模型树　　　　　图 8-27　Isosurfaces 窗口

右击 Results 模型树下的 Isosurfaces，在弹出的菜单中选择 Insert。如图 8-28 所示，设置 Isosurfaces 特性参数，可以查看到电源内部 60℃ 和 90℃ 的两个温度等值面。

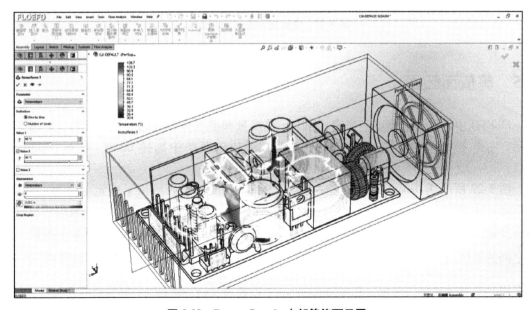

图 8-28　Power Supply 内部等值面云图

8.6　流动迹线

流动迹线是一条曲线，其上任意点处的速度矢量都与该曲线相切。如图 8-29 所示，右击 Results 模型树下的 Flow Trajectories，在弹出的菜单中选择 Insert，打开 Flow Trajectories 窗口。

图 8-30 所示为 Flow Trajectories 窗口。其中 Starting Points 设置区域用于设置流动迹线的起始点。Appearance 设置区域用于设置迹线的外观。Constraints 设置区域用于节省在处理较长迹线（尤其在漩涡区域中）时的 CPU 时间和计算机内存。Crop Region 用于确定显示流动迹线的区域。

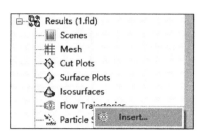

图 8-29　FloEFD 结果模型树

Starting Points 中有四类型，如图 8-31 所示，如果选择 Pattern 模式，流动迹线起始点将均匀分布在选定的平面、面、草图，边或曲面之上。此时，Number of Points 确定了流动迹线起始点的数目。Spacing 确定了流动迹线起始点之间的间距。如果选择 Pick from screen 模式，需要在图形显示区域选择流动迹线起始点所在的平面。其中 Offset 选项 可以调整迹线起始点所在平面的位置。通过 Pick Points 按钮，可以通过鼠标在迹线起始点平面上选择起点。所有选择的迹线起始点坐标罗列在窗口中，并且可以通过 Delete Point 和 Delete All 删除某个或所有起始点。如果选择 Coordinates 模式，可以直接输入迹线起始点的坐标，并且可以通过 Delete Point 和 Delete All 删除某个或所有起始点。如果选择 Pattern on Shapes 模式，则迹线的起点被均匀分布在直线、矩形区域或圆球表面。

图 8-32 所示为 Appearance 设置区域。其中 Draw Trajectories As 可以确定迹线的外观形式，迹线可以是线条、带箭头的线、小球或者箭头等。Width 设置项 确定了迹线的宽度。Color by 设置项 可以采用某个参数渲染迹线颜色。Plot Transparence 设置项

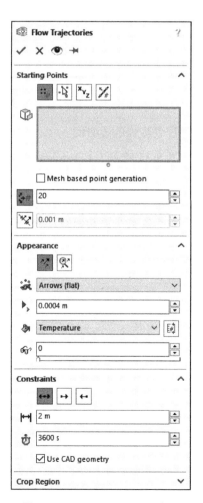

图 8-30　Flow Trajectories 窗口

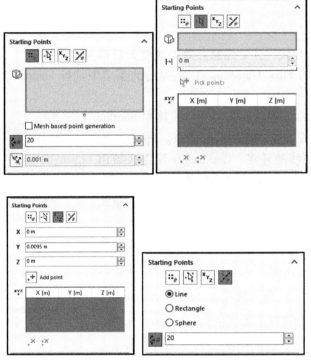

图 8-31 Starting Points 四种类型

用于控制迹线的透明度。

图 8-33 所示为 Constraints 设置区域。如果设置为 Forward ，则流线以起始点开始。如果设置为 Backward ，则流线以起始点为结束。如果设置 Both ，则迹线会是通过起始点的整个流动迹线。Maximum Length 设置项 确定了迹线的最大长度。Maximum Time 设置项 确定了迹线的最长时间。

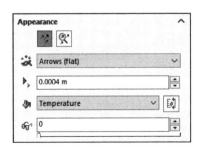

图 8-32 Appearance 设置区域

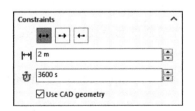

图 8-33 Constraints 设置区域

Crop Region 用于确定显示流动迹线的区域。

右击 Results 模型树下的 Flow Trajectories，在弹出的菜单中选择 Insert。如图 8-34 所示，设置 Flow Trajectories 特性参数，可以查看到电源内部的流动迹线。其中迹线起始点所在的面为风扇的出风面。

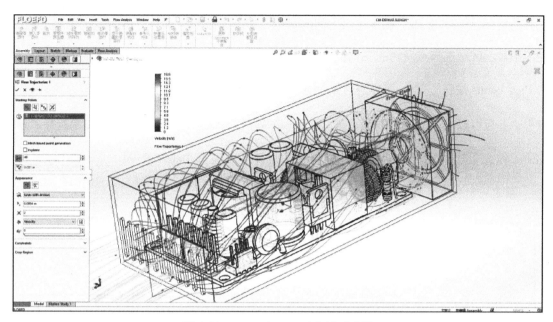

图 8-34　Power Supply 内部流动迹线

8.7　粒子研究

粒子研究功能可以进行一些粒子随气流侵蚀壁面或产生积聚的物理现象。但前提条件是这些粒子不会影响到流体的流动。所以，粒子研究是在流场计算完成的基础上进行的。

8.8　点参数

点参数用于显示计算域内部特定点的参数值。特定点可以通过参考几何模型特征（顶点、面和线）确定。此外，也可以通过直接在屏幕上选取或输入坐标值确定点的位置。如图 8-35 所示，右击 Results 模型树下的 Point Parameters，在弹出的菜单中选择 Insert，打开 Point Parameters 窗口。

图 8-36 所示为 Point Parameters 窗口。其中 Points 设置区域用于确定点的位置。Parameters 选择区域用于选择参数值。Options 设置区域用于确定点参数输出至外部文件的格式。

Points 中有四种方式确定点的位置。如图 8-37 所示，如果选择 Reference 模式 ![icon]，可以直接选择几何模型顶点作为点参数所在位置。或者可以选择几何模型的面或线，点的位置位于这些几何特征的中心。如果选择 Pattern 模式

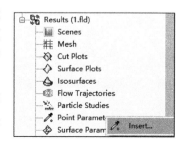

图 8-35　FloEFD 结果模型树

，点将均匀分布在选定的平面、面、草图和线之上。此时，Number of Points 确定了点的数目。Spacing 确定了点之间的间距。如果选择 Pick from screen 模式 ，需要在图形显示区域选择点所在的平面。其中 Offset 选项 可以调整点所在平面的位置。单击 Pick Points 按钮 ，可以通过鼠标在所选平面上选择点。所有选择的点坐标罗列在窗口中，并且可以通过 Delete Point 和 Delete All 删除某个或所有点。如果选择 Coordinates 模式 ，可以直接输入点的坐标，并且可以通过 Delete Point 和 Delete All 删除某个或所有点。

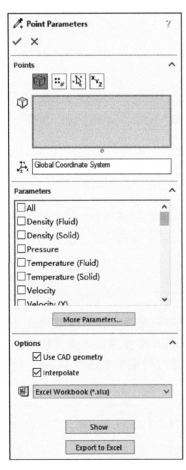

图 8-36　Point Parameters 窗口

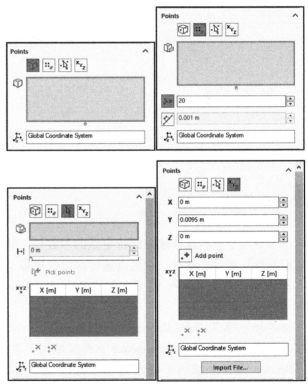

图 8-37　Points 设置区域

如图 8-36 所示，Parameters 选择区域用于确定点的参数类型，并且可以单击 More Parameters 按钮添加参数类型。Options 设置区域用于确定点参数直接显示或输出至外部文件中。

右击 Results 模型树下的 Point Parameters，在弹出的菜单中选择 Insert。如图 8-38 所示，

设置 Point Parameters 特性参数。将铝电解电容的顶面作为点所在平面，Parameters 中选择 Temperature（Solid），单击 Show 按钮可以直接显示电解电容顶面中心的温度值。

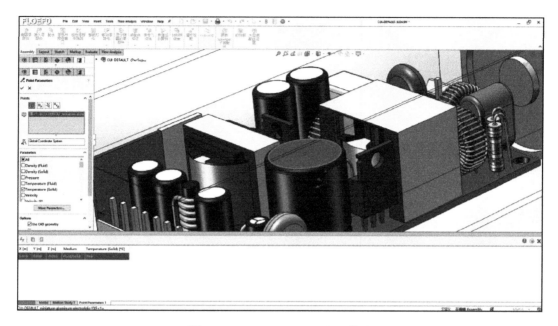

图 8-38　Point Parameters 显示结果

8.9　表面参数

表面参数用于显示计算域内部特定表面的参数值。特定表面可以通过参考几何模型面确定。表面参数可以分为局部和整体参数两大类。其中对于局部参数（压力、温度、速度等）会显示最大值、最小值和平均值，并且显示在底部窗口的左侧。对于整体参数而言，其结果值会显示在窗口的右侧。如图 8-39 所示，右击 Results 模型树下的 Surface Parameter，在弹出的菜单中选择 Insert，打开 Surface Parameters 窗口。

图 8-40 所示为 Surface Parameters 窗口。其中 Selection 设置区域用于确定面的位置。可以在图形显示区域选择模型的表面，也可以采用其他的方式定义平面。Parameters 选择区域用于选择参数类型，并且可以单击 More Parameters 按钮添加参数类型。Options 设置区域用于确定表面参数直接显示或输出至外部文件中。

右击 Results 模型树下的 Surface Parameters，在弹出的菜单中选择 Insert。如图 8-41 所示，设置 Surface Parameters 特性参数。将铝电解电容的顶面作为 Selection 的面，Parameters 选择区域中选择 Temperature（Solid），单击 Show 按钮可以直接显示电解电容顶面的温度值。

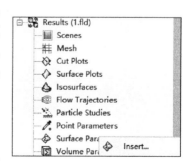

图 8-39　FloEFD 结果模型树

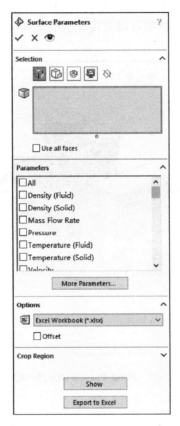

图 8-40　Surface Parameters 窗口

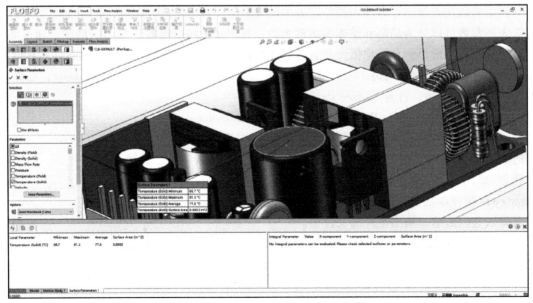

图 8-41　Surface Parameters 显示结果

8.10　体积参数

体积参数用于显示计算域内部特定体积内的参数值。特定体积可以是零部件或者子装配组件。体积参数可以分为局部和整体参数两大类。其中对于局部参数（压力、温度、速度等）会显示最大值、最小值和平均值，并且显示在底部窗口的左侧。对于整体参数而言，其结果值会显示在窗口的右侧。如图 8-42 所示，右击 Results 模型树下的 Volume Parameters，在弹出的菜单中选择 Insert，打开 Volume Parameters 窗口。

图 8-43 所示为 Volume Parameters 窗口。其中 Selection 设置区域用于确定体积所在位置。可以在图形显示区域选择零部件或子装配组件。Parameters 选择区域用于选择参数类型，并且可以单击 More Parameters 按钮添加参数类型。Options 设置区域用于确定体积参数直接显示或输出至外部文件中。

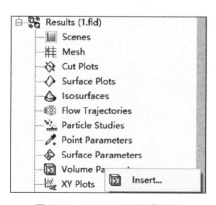

图 8-42　FloEFD 结果模型树

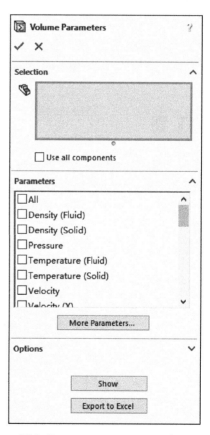

图 8-43　Volume Parameters 窗口

右击 Results 模型树中的 Volume Parameters，在弹出的菜单中选择 Insert。如图 8-44 所示，设置 Volume Parameters 特性参数。将铝电解电容作为 Selection 的选择项，Parameters 中选择 Temperature（Solid），单击 Show 按钮可以直接显示电解电容的温度值。

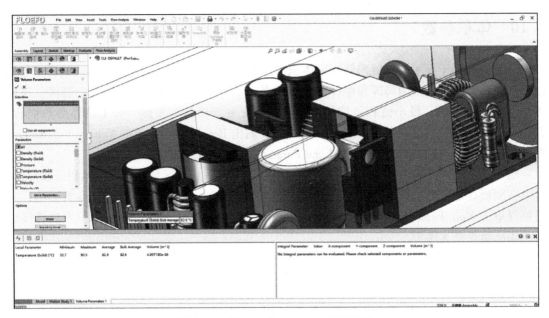

图 8-44　Volume Parameters 显示结果

8.11　XY 图

XY 图用于显示参数值沿指定方向或路径的变化情况。要定义方向,可以使用曲线、草图(2D 或 3D 草图)和几何模型的边。数据将导出至 Excel 中,其中会显示参数图表和数值。如图 8-45 所示,右击 Results 模型树下的 XY Plots,在弹出的菜单中选择 Insert,打开 XY Plot 窗口。

图 8-45　FloEFD 结果模型树

图 8-46 所示为 XY Plot 窗口。Selection 区域用于确定 XY Plots 线所在位置和横轴坐标。可以选择草图、曲线和直线作为 XY Plots 的载体。Abscissa 选项 用于参数值随线的长

度或坐标变化。Parameters 选择区域用于选择参数类型，并且可以单击 More Parameters 按钮添加参数类型。Resolution 区域用于确定 XY Plots 线的拟合精度。Geometry Resolution 控制了曲线与线性段的近似程度。精度设置越高，创建 XY Plots 的速度越慢，但会创建更精确的曲线形状。Evenly Distribute Output Points 确定了 XY Plots 上输出参数值的个数。Options 设置区域中的 Interpolate 用于确定是否在 XY Plots 上进行结果内插。Display boundary layer 用于确定是否显示 XY Plots 中的边界层。采用此选项时，将会耗费更多的计算机资源。此外，也可以通过 Options 设置区域确定参数结果输出至外部文件的类型。

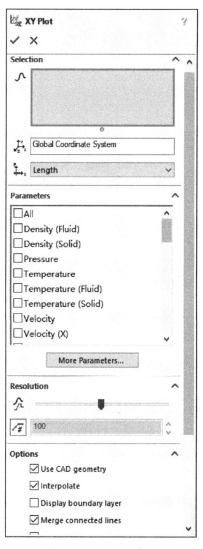

图 8-46　XY Plot 窗口

　　右击 Results 模型树中的 XY Plots，在弹出的菜单中选择 Insert。如图 8-47 所示，设置 XY Plots 特性参数。将 PCB 的边作为 Selection 的选择项，在 Parameters 中选择 Temperature，单击 Show 按钮，可以直接在图形显示区域中显示 XY Plots。

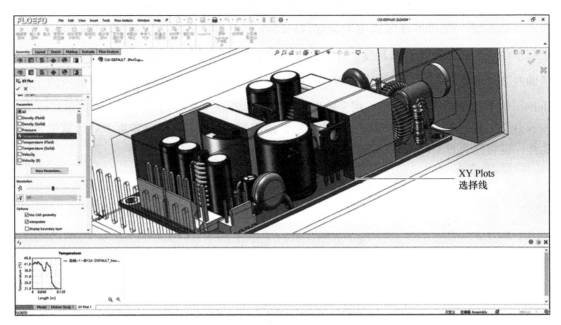

图 8-47　XY Plots 设置和结果

8.12　目标图

目标图用于显示目标值随着迭代计算的变化情况。如图 8-48 所示，右击 Results 模型树下的 Goal Plots，在弹出的菜单中选择 Insert，打开 Goal Plot 窗口。

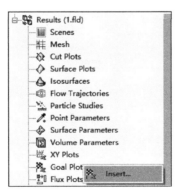

图 8-48　FloEFD 结果模型树

图 8-49 所示为 Goal Plot 窗口。Goals 设置区域用于确定目标图的横轴和纵轴值。其中 Goals to Plot 用于选择需要显示的目标图。Abscissa 选项 用于确定目标值随 Travels、计算时间或迭代步数变化。Options 设置区域用于确定目标图输出方式和格式。如果勾选 Group charts by parameter，则会在同一图表中基于同一参数显示目标。

右击 Results 模型树下的 Goal Plot，在弹出的菜单中选择 Insert。如图 8-50 所示，设置

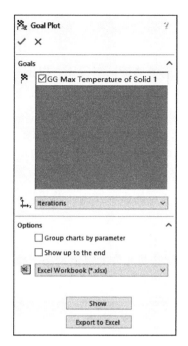

图 8-49　Goal Plot 窗口

Goal Plot 特性参数。勾选 GG Max Temperature of Solid 1，单击 Show 按钮可以直接在下部窗口中显示目标值。

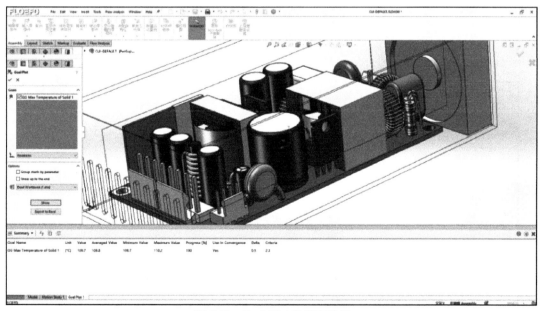

图 8-50　Goal Plot 设置和结果

8.13　热流图

FloEFD 软件可以显示元件之间的热流网络云图，以图片保存或者数据输出至 Excel 中。如图 8-51 所示，右击 Results 模型树下的 Flux Plots，在弹出的菜单中选择 Insert，打开 Flux Plots 窗口，如图 8-52 所示。其中 Selection 用于选择显示热流网络的元件节点。在进行元件节点的选择之后，单击下方的绿色√，进行热流网络云图的构建。可以单击 Flux Plots 工具栏上的图标，进行节点的显示控制、结果输出等。

如图 8-53 所示，在 Selection 中选择一些模型树中的元件节点，单击下方的绿色√，创建这些元件的热流网络云图。单击 Flux Plots 工具栏上的图标，可以调整热流网络云图的显示和输出。

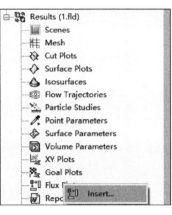

图 8-51　FloEFD 结果模型树

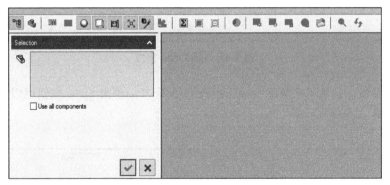

图 8-52　Flux Plots 窗口

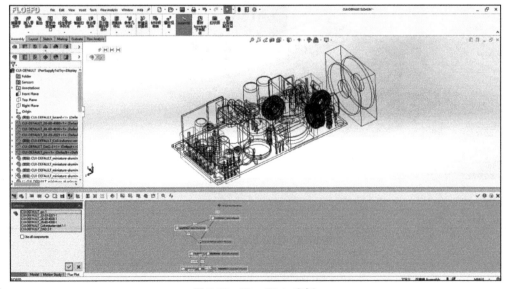

图 8-53　Flux Plots 实例

8.14　报告

软件可以自动创建 Word 或 HTML 文件格式的仿真报告。如图 8-54 所示，右击 Results 模型树下的 Report，在弹出的菜单中选择 Create，打开 Report 窗口。

图 8-55 所示为 Report 窗口的 Documents 选项卡。Picture and Charts 选项卡用于将图片或图表插入至报告中。IDs 选项卡用于确定插入至报告中的信息类型。

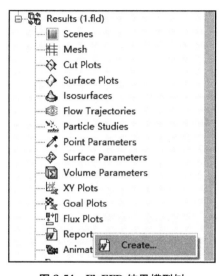

图 8-54　FloEFD 结果模型树

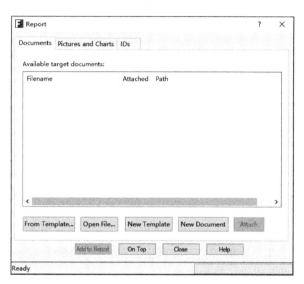

图 8-55　Report 窗口

From Template 为软件自带的报告模板，可以自动输出项目的输入数据、结果、完整报告等信息。通过 Open File 可以将项目的相关信息输出至指定的 Word 或 HTML 中。

图 8-56 所示为 Pictures and Charts 选项卡，通过 Insert into the attached documents 选择区域可以将当前图形显示区域的图片、现有图片或 Excel 文件以图片形式输入至 Word 或 HTML 文档中。Insertion point 选择区域可以确定插入图片所在位置。单击 Add to Report 按钮可以将图片插入至 Word 或 HTML 文档中。

图 8-57 所示为 IDs 选项卡，IDs 选项卡用于确定输出至 Word 或 HTML 报告中信息的类型。对于某些信息可以选择 Full 或 Short，其差别主要在信息的完整性。Insertion point 选择区域确定了信息插入的所在位置。

图 8-56　Pictures and Charts 选项卡设置

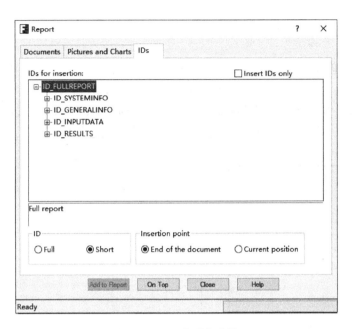

图 8-57 IDs 选项卡设置

右击 Results 模型树下的 Report，在弹出的菜单中选择 Create。如图 8-58 所示，单击 From Template 按钮，在弹出的窗口中选择 id_fullreport，并且单击打开。如图 8-59 所示，软件自动生成一份仿真报告。

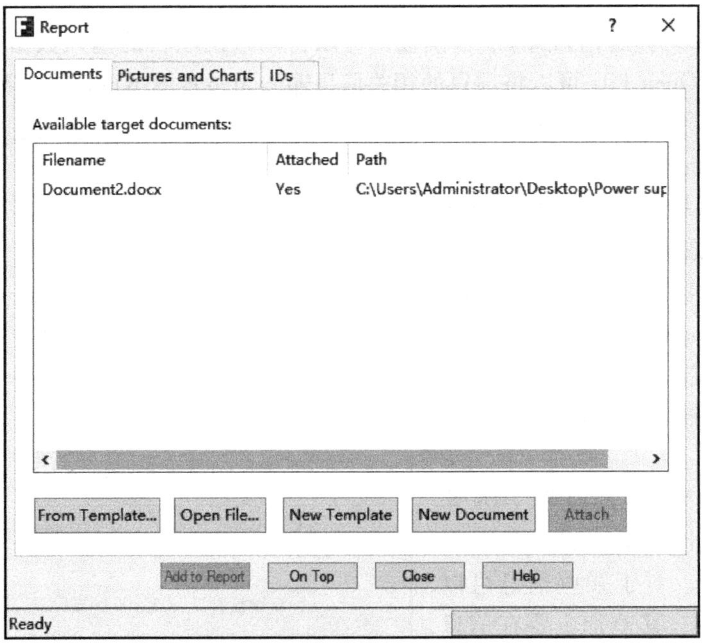

图 8-58 Documents 选项卡设置

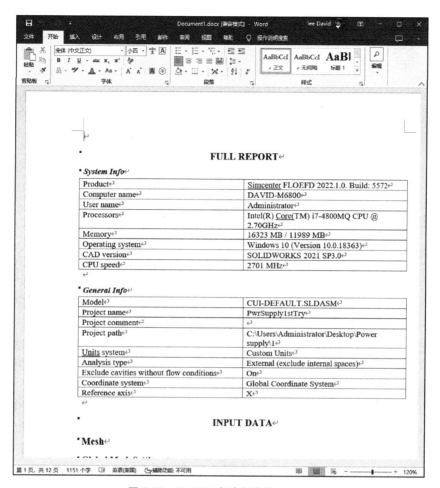

图 8-59　FloEFD 自动创建的 Report

第9章

参数研究

9.1 参数研究介绍

9.1.1 参数研究的作用

参数研究是用于批量方案评估和优化的工具。参数研究的功能选项包含假设分析、目标优化、外部优化器、试验设计和优化、多参数优化（HEEDS）、校准和特征。其中，假设分析和目标优化在参数研究中最常使用。本章将对这两种功能进行详细讲解。

假设分析（What If）可以根据用户确定的输入变量，自动计算批量方案的输出变量值。例如，用户可以将一系列阀门入口体积流量作为输入变量，将阀门进出口的压差作为输出变量，软件可以自动计算不同体积流量下阀门的进出口压差，即阀门的流阻特性。

目标优化（Goal Optimization）可以在用户定义的输入变量范围内，自动计算出满足输出变量目标值的方案。例如，用户可以将散热器的翅片数目作为输入变量，且给定相应变化范围，将散热器某个位置的最低温度作为目标值，软件会自动搜索到翅片数目变化范围内满足散热器最低温度的方案。

9.1.2 参数研究界面

如图 9-1 所示，参数研究界面主要由菜单栏、选项卡和内容显示区域组成。菜单栏主要包括参数研究功能选项的选择，以及参数研究文件的打开和保存。选项卡用于输入变量、输出变量和方案的设置。内容显示区域用于输入变量、输出变量、方案及计算结果的信息显示。

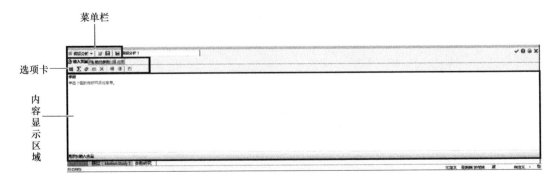

图 9-1 参数研究界面

9.1.3　参数研究操作流程

参数研究常用功能的操作流程如图 9-2 所示。在打开参数研究窗口之后，默认是在假设分析功能状态下。如果需要选择目标优化、外部优化器、试验设计和优化等其他功能，需要在参数研究的功能选择下拉菜单中选取。

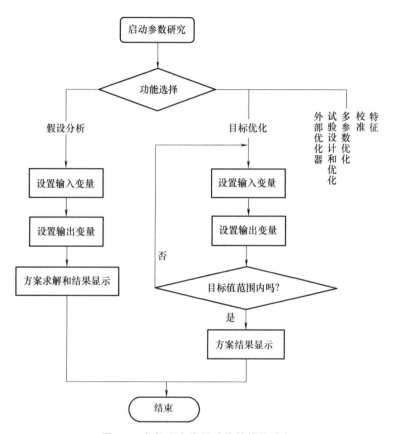

图 9-2　参数研究常用功能的操作流程

如果采用假设分析，软件会根据设置的输入和输出变量，自动计算批量方案的结果。

如果采用目标优化，需要设置输入变量、输出变量和目标值，软件自动计算满足目标要求的结果。如果软件在给定的输入变量范围内无法找到符合目标要求的方案，则需要重新设置输入和输出变量。

9.2　假设分析

如图 9-3 所示，单击假设分析窗口中的添加模拟参数按钮，打开添加参数窗口。可以将列表中的常规设置、全局网格和边界条件作为输入变量。图 9-3 中将入口处的环境压力作为输入变量，该参数的性质为边界条件。

如图 9-4 所示，单击假设分析窗口中的添加尺寸参数按钮，打开添加参数窗口。图 9-4 中将活塞阀的 X 方向打开距离作为输入变量。

图 9-3 输入变量特性页添加参数

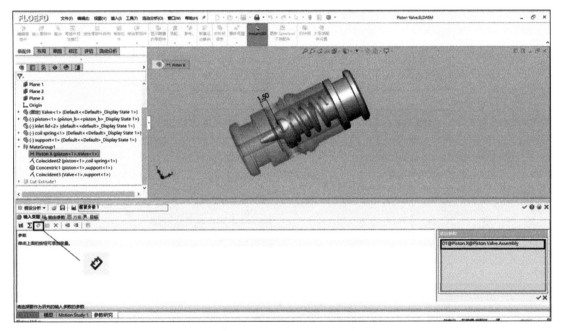

图 9-4 输入变量特性页添加尺寸参数

红色叉图标为移除参数按钮，单击该按钮可以删除选定的输入变量。

如图 9-5 所示，通过单击编辑变体按钮可以设置输入变量值的变化形式。输入变量值的变化形式可以有四种设置方式，即离散值、数字范围、步长范围和步长分布。如图 9-6 所

图 9-5 输入变量特性页编辑变体

示，离散值可以让用户设置输入变量的离散值。数字范围可以让用户设置输入变量的变化范围以及方案数目。步长范围可以让用户设置输入变量的变化范围以及变量之间的步长。步长分布可以让用户在输入变量当前值附近定义变量数目和步长。

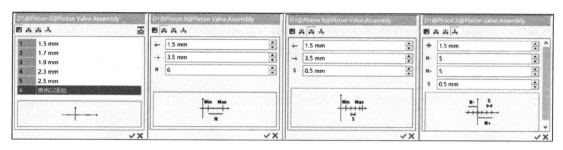

图 9-6　输入变量值的变化形式

如图 9-7 所示，单击假设分析窗口中的输出变量图标，单击其中的添加目标图标，打开添加目标窗口。可以将罗列的表面目标、体积目标、全局目标和点目标作为输出变量。

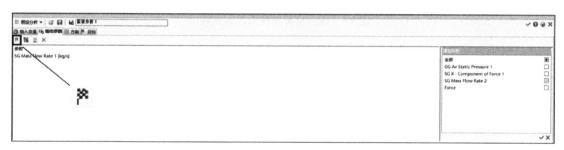

图 9-7　输出变量特性页

如图 9-8 所示，单击假设分析窗口中的方案图标。软件自动创建的方案罗列在其中。在该窗口中，可以设置方案求解的计算机核数，也可以添加设计点，还可以对是否保存完整结果等选项进行选择。此外，对于方案的仿真结果可以直接输入至 Excel 或一维热流仿真软件 Flowmaster 中。

摘要	设计点 1	设计点 2	设计点 3	设计点 4	设计点 5	设计点 6	设计点 7	设计点 8	设计点 9	设计点 10	设计点 11
D1@Piston X@Piston Valve.Assembly [mm]	-1	-0.5	0	0.5	1	1.5	2	2.5	3	3.5	4
SG Mass Flow Rate 1 [kg/s]	?	?	?	?	?	?	?	?	?	?	?
SG Mass Flow Rate 2 [kg/s]	?	?	?	?	?	?	?	?	?	?	?
状态	未计算	未计算	未计算	未计算	未计算	未计算	未计算	未计算	未计算	未计算	未计算
运行位置:	[自动]	[自动]	[自动]	[自动]	[自动]	[自动]	[自动]	[自动]	[自动]	[自动]	[自动]
线程数量	[使用全部]	[使用全部]	[使用全部]	[使用全部]	[使用全部]	[使用全部]	[使用全部]	[使用全部]	[使用全部]	[使用全部]	[使用全部]
重新计算	☐	☐	☐	☐	☐	☐	☐	☐	☐	☐	☐
采用之前的结果	☐	☐	☐	☐	☐	☐	☐	☐	☐	☐	☐
保存全部结果	☑	☑	☑	☑	☑	☑	☑	☑	☑	☑	☑
关闭监视器	☑	☑	☑	☑	☑	☑	☑	☑	☑	☑	☑

图 9-8　方案特性页

9.3 目标优化

如图 9-9 所示，单击目标优化窗口中的添加模拟参数按钮，打开添加参数窗口。可以将列表中的常规设置、全局网格和边界条件作为输入变量。图 9-9 中将入口处的环境压力边界条件作为输入变量。与假设分析类似，目标优化也可以通过添加模拟参数按钮对几何模型尺寸进行优化设计。

图 9-9 输入变量特性页添加参数

如图 9-10 所示，通过编辑变体图标可以确定输入变量的变化范围。

图 9-10 输入变量特性页变量设置

如图 9-11 所示，单击目标优化窗口中的输出变量图标，单击其中的添加目标图标，打开添加目标窗口。可以将罗列的表面目标、体积目标、全局目标和点目标作为输出变量。图 9-11 中将质量流量作为输出变量，该变量性质为表面目标值。

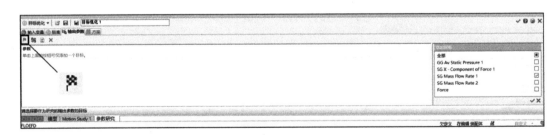

图 9-11 输出变量特性页目标设置

如图 9-12 所示，单击目标优化窗口中的标准选项卡，单击添加目标图标，打开添加目标窗口。可以将罗列的表面目标、体积目标、全局目标和点目标作为优化目标。如图 9-13 所示，单击目标值图标，打开目标值窗口，为目标设定具体值和最大偏差。当某个方案的目标值位于设定的目标值范围内时，软件会自动停止其他方案的计算。

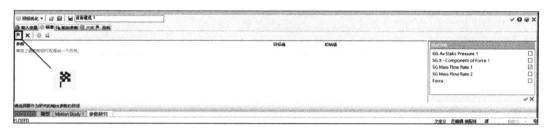

图 9-12　标准特性页添加目标窗口

图 9-13　标准特性页目标值窗口

如图 9-14 所示，单击目标优化窗口中的方案图标，打开方案窗口。在方案窗口的右下角是研究选项窗口。在研究选项窗口中可以设置最大计算数目、运行位置和线程数量，还可以用勾选方式设置结果保存和监视器开关等选项。

图 9-14　方案特性页

注意，在采用目标优化时，软件采用二分法方式确定满足目标值的方案，所以软件最初计算的两个方案是基于输入变量的边界值。如果软件发现设置的目标值不在最初计算的两个方案的目标变量的值之内，软件会停止进行进一步计算。

9.4　参数研究实例

9.4.1　假设分析实例

本实例研究活塞阀在不同压力边界条件下的流量。

启动 FloEFD 软件，单击文件→打开，打开 Piston Valve 文件夹下的 Piston Valve. sldasm，如图 9-15 所示。

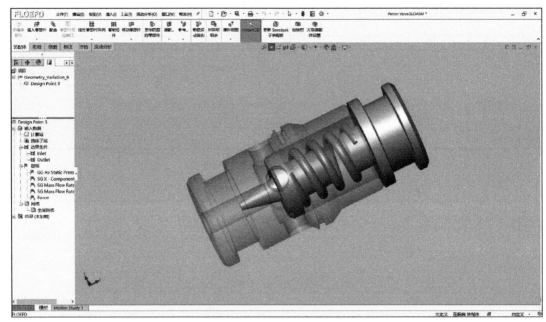

图 9-15　Piston Valve 模型

单击流动分析→求解→新建参数研究，如图 9-16 所示，在弹出的参数研究窗口中，单击添加模拟参数的图标 ，并且在添加参数窗口中的边界条件下的 Inlet 的下拉菜单中勾选环境压力，并且单击添加参数窗口右下角的绿色√。

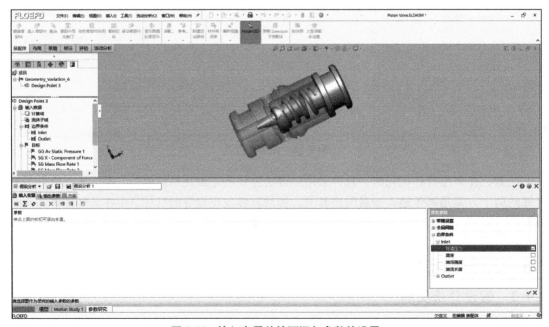

图 9-16　输入变量特性页添加参数的设置

双击青蓝色高亮的环境压力（Inlet），单击数字范围按钮 ▦ ，如图 9-17 所示，将最小值设置为 1.4bar，最大值设置为 4.2bar，值个数设置为 8，并且单击环境压力窗口右下角的绿色√。

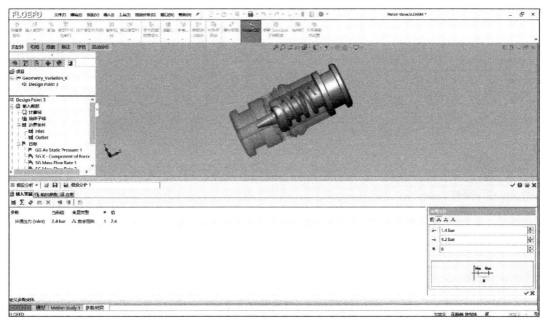

图 9-17 输入变量特性页编辑变量设置

如图 9-18 所示，单击窗口中的输出变量图标，并且单击添加目标图标。在添加目标窗口中勾选 SG Mass Flow Rate 1 和 SG Mass Flow Rate 2，并且单击窗口右下角的绿色√。

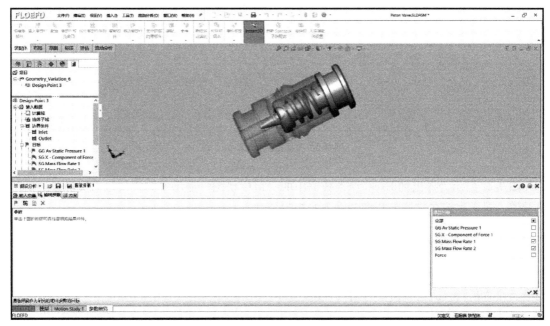

图 9-18 输出变量特性页

单击方案选项卡，图 9-19 所示为创建的 8 个假设分析实例。单击绿色的运行图标，所有 8 个方案进行求解计算。

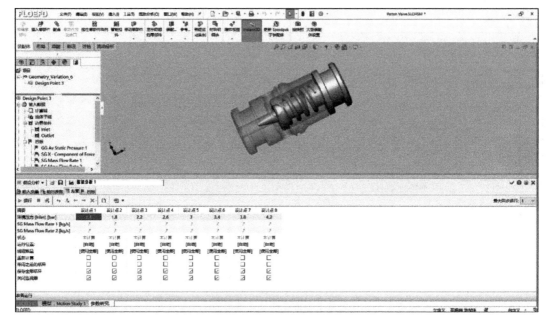

图 9-19 方案特性页（1）

如图 9-20 所示，在求解完成之后，单击导出到 Excel，将不同入口边界条件下的活塞流量输入至 Excel 文件中。

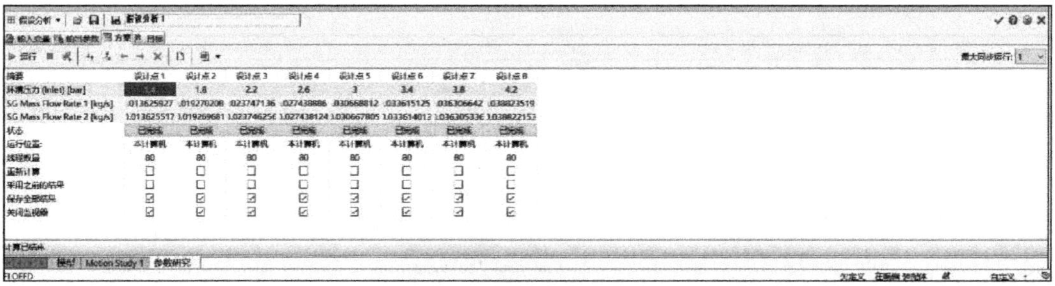

图 9-20 方案特性页（2）

图 9-21 所示为导出的 Excel 结果数据中的一组柱状图。显示不同入口压力边界条件下的流量值，即活塞阀在此特定开度条件下的流阻特性。

9.4.2 目标优化实例

本实例研究活塞阀在入口压力边界条件 2.4bar 的情况下，如果要使流体以 0.032kg/s 的流量流经活塞阀，活塞阀需要开启的深度。

启动 FloEFD 软件，单击文件→打开，打开 Piston Valve 文件夹下的 Piston Valve. sldasm，如图 9-22 所示。

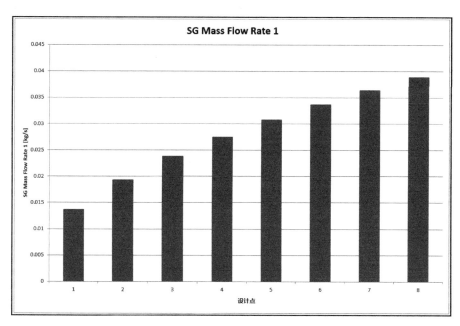

图 9-21 不同方案的质量流量值

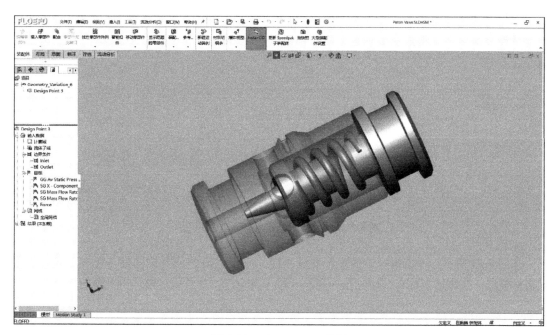

图 9-22 Piston Valve 模型

单击流动分析→求解→新建参数研究，打开参数研究窗口。如图 9-23 所示，在弹出的参数研究窗口中，首先将参数研究窗口切换到目标优化状态，即在参数研究窗口左上角的下拉菜单选项中选取目标优化。在参数研究窗口中单击添加尺寸参数按钮 ❖ ，之后单击模型树中的配合 Piston X，最后单击窗口右下角的绿色✓。

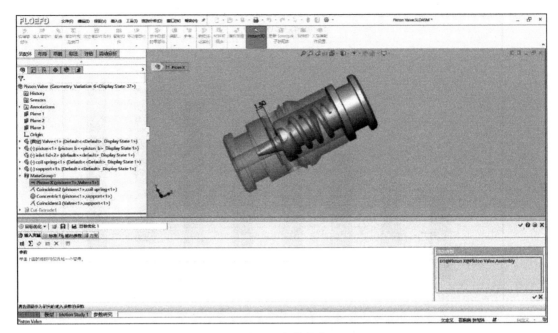

图 9-23 目标优化窗口

双击青蓝色高亮的 D1@ Piston X@ Piston Valve. Assembly，如图 9-24 所示，在右侧弹出的变量设置窗口中，将最小值和最大值分别设置为 1.0mm 和 2.0mm，并且单击右下角的绿色✓。

图 9-24 输入变量特性页输入变量设置

如图 9-25 所示，单击窗口中的输出变量图标，并且单击添加目标图标，在右下角弹出添加目标窗口。在添加目标窗口中勾选 SG Mass Flow Rate 1，并且单击窗口右下角的绿色✓。

图 9-25 输出变量特性页

如图 9-26 所示，单击窗口中的标准选项卡，并且单击添加目标图标，在添加目标窗口中勾选 SG Mass Flow Rate1，并且单击窗口右下角的绿色✓。

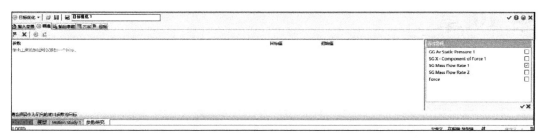

图 9-26　标准特性页添加目标设置

如图 9-27 所示，单击目标值图标，在右下角弹出目标值窗口。在目标值窗口中，把目标值设置为 0.032kg/s，最大偏差设置为 0.0002kg/s。设置完成后，单击窗口右下角的绿色✓。

图 9-27　标准特性页目标值设置

单击方案图标，并且单击方案窗口中的绿色运行图标，启动目标优化计算。

图 9-28 所示为目标优化的求解结果。从结果中可以看到，当活塞轴 X 方向的距离为 1.75mm 时，在入口压力为 2.4bar 的条件下，此时的流体流经活塞阀的流量为 0.032kg/s 左右。

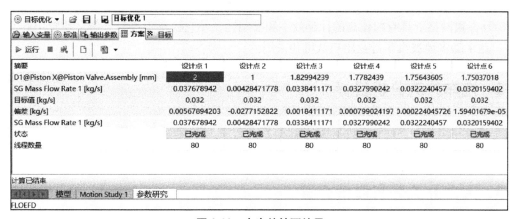

摘要	设计点 1	设计点 2	设计点 3	设计点 4	设计点 5	设计点 6
D1@Piston X@Piston Valve.Assembly [mm]	2	1	1.82994239	1.7782439	1.75643605	1.75037018
SG Mass Flow Rate 1 [kg/s]	0.037678942	0.00428471778	0.0338411171	0.0327990242	0.0322240457	0.0320159402
目标值 [kg/s]	0.032	0.032	0.032	0.032	0.032	0.032
偏差 [kg/s]	0.00567894203	-0.0277152822	0.0018411171	0.000799024197	0.000224045726	1.59401679e-05
SG Mass Flow Rate 1 [kg/s]	0.037678942	0.00428471778	0.0338411171	0.0327990242	0.0322240457	0.0320159402
状态	已完成	已完成	已完成	已完成	已完成	已完成
线程数量	80	80	80	80	80	80

图 9-28　方案特性页结果

第 10 章

汽车外流分析仿真实例

10.1 汽车空气动力学数值模拟的背景介绍

从 20 世纪 20 年代开始,空气动力学的大量研究成果被应用到汽车设计上,对汽车造型产生重大影响。汽车行业逐步将风洞试验应用到汽车开发中。风洞试验是通过风洞和汽车(或模型)来模拟道路行驶条件下汽车与空气相对运动,同时开展相关数据采集的一种研究手段。风洞试验通常成本高、周期长,此外有些复杂场景难于开展风洞试验,比如汽车超车、非稳态风环境等。

20 世纪 80 年代中期,随着计算流体力学方法和计算机技术的发展,数值模拟方法被应用到汽车设计中。汽车空气动力学数值模拟可以被理解为在计算机上实现的"虚拟风洞"。数值模拟方法因为具有更经济、更快速和更便捷的特点,在过去的 40 年中,被广泛传播,同时也在不断发展。当前,数值模拟已成为汽车开发的必备手段之一,与风洞试验相配合,共同服务于汽车新车型的开发。数值模拟在汽车造型概念设计阶段就可以开展,同时在开发过程的各个阶段,都会有因不同目的而发起的数值模拟,比如方案验证与优化、测试结果对照比较,以及异常状况分析等。

Simcenter FLOEFD 具有强大的自动网格划分能力、友好的用户界面和经过业界验证的精度可靠的求解器,在汽车行业收获越来越多的好评。Simcenter FLOEFD 能够快速有效地计算出汽车的空气动力学特性,并确定车辆周围流场,为设计者提供可靠的决策依据。Simcenter FLOEFD 在粗网格下具有的较高的计算效率和准确性,使它区别于汽车行业之前常用的 CFD 软件,越来越多地被汽车行业用户认可和采用。

10.2 汽车外流分析目标

本章将介绍基于 Simcenter FLOEFD 进行汽车外流分析的流程。整车外流分析主要用于评价汽车空气动力学性能,优化风阻和风噪等。

10.3 汽车外流分析模型介绍

本章配套分析模型为 car_blue 文件夹中的 car_blue. sldasm 文件。打开模型文件,可看到模型如图 10-1 所示。Car 是汽车模型,为便于读者练习,我们选用了一个带车轮的简化汽车模型；Ground 是地面，模拟汽车行驶时的实际路面；A 是一个实体板，它属于辅助部件，不参与计算，但在计算结果分析中生成流动迹线时会用到。

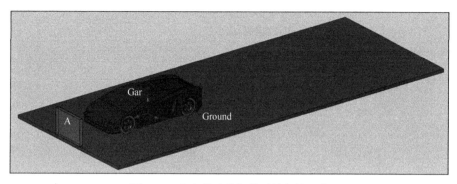

图 10-1　汽车外流分析模型的部件组成

本章将详细介绍汽车外流分析的模型导入、计算域调整、边界条件设置、全局目标和表面目标的设定、网格划分、计算求解及计算结果分析等。计算结果分析会以流动迹线和目标值 Excel 表格输出为例进行详细操作介绍。

10.4　汽车外流分析流程介绍

10.4.1　建立仿真分析模型

1. 导入模型

启动 FloEFD 软件，单击主工具栏文件→打开，选中 Car_Outflow 文件夹下的 car_blue.sldasm 文件，并且单击"打开"按钮，如图 10-2 所示。

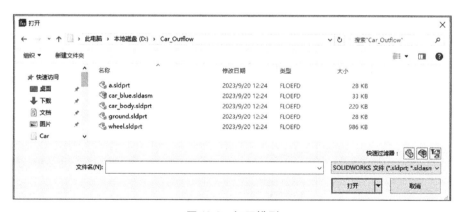

图 10-2　打开模型

2. 检查模型

步骤 1　单击流动分析→工具→检查模型，可参考图 10-3 所示路径。在左侧弹出的检查模型窗口中，保持默认设置，单击"检查"按钮。检查程序运行完成后，有结果数据显示在屏幕下方区域（见图 10-4）。查阅检查结果，状态显示为成功，表示模型合格，可用于后续分析。在该窗口中，还能看到异常修复情况，如果想进一步了解异常点的位置，可把异常项勾选，图形窗口中会显示异常点位置，供分析者观察（见图 10-5）。

步骤 2　单击检查模型窗口左上角的红色×，退出检查模型窗口。

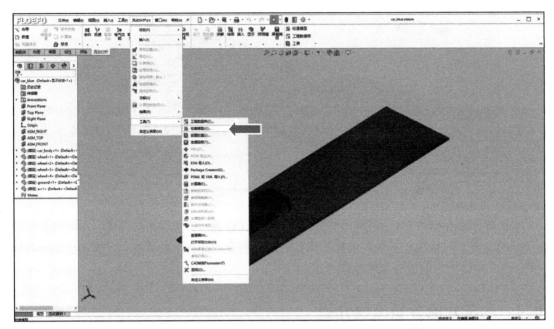

图 10-3　打开检查模型窗口

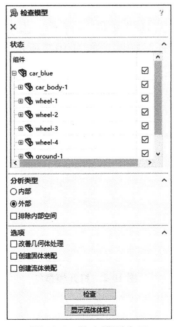

图 10-4　检查模型窗口

3. 创建 FloEFD 项目

步骤 1　单击流动分析→项目→向导，操作如图 10-6 所示。

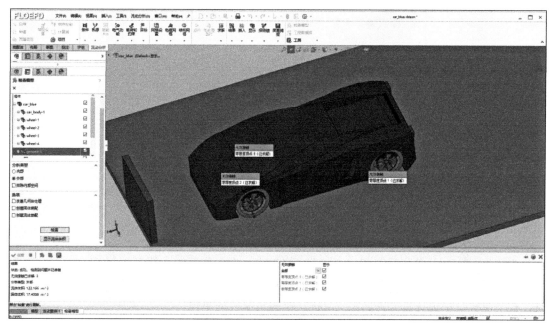

图 10-5　异常点的图形化显示

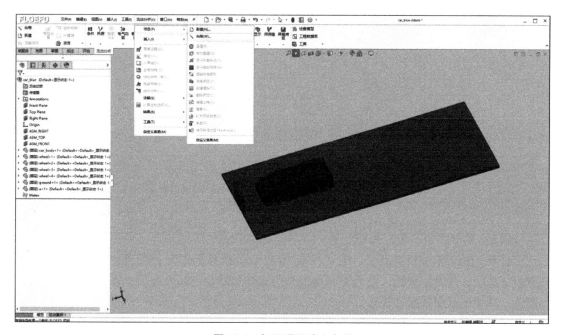

图 10-6　打开项目建立向导

步骤 2　完成上一步操作后，向导-项目名称窗口被打开（见图 10-7）。在项目名称中输入 Car_outflow_1 作为将要进行的仿真分析的项目名称。

步骤 3　单击"下一步"按钮，进入向导-单位系统窗口。

图 10-7 向导-项目名称窗口

步骤 4 在向导-单位系统窗口中（见图 10-8），在单位系统一栏下选择 SI（m-kg-s）作为仿真项目的单位系统。此外，还需要将单位列表中负载和运动目录下的角速度单位做修改，在下拉菜单中选择每分钟转数（rpm）作为角速度的单位。

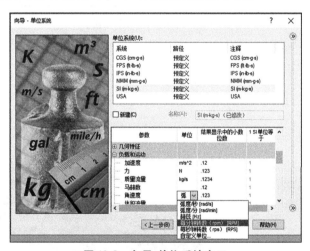

图 10-8 向导-单位系统窗口

步骤 5 单击"下一步"按钮，进入向导-分析类型窗口。

步骤 6 在向导-分析类型窗口中（见图 10-9），选择外部作为分析类型。此外，还需要开启重力选项，同时注意确认重力方向是否与仿真场景符合，如果有误，需要对重力分量进行调整。其他设置保持默认状态。

步骤 7 单击"下一步"按钮，进入向导-默认流体窗口。

步骤 8 在向导-默认流体窗口中（见图 10-10），展开气体→预定义下拉菜单，选择空气作为项目的默认流体，并且单击窗口右侧的"添加"按钮。看到空气被添加到下面项目流体栏中，在默认流体中点选该项。

步骤 9 在向导-默认流体窗口中，还需要确认流动特征。对于汽车外流分析，流动类型我们选择"层流和湍流"。

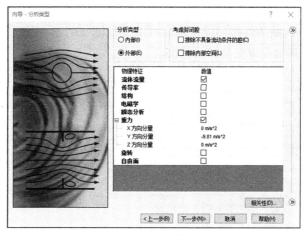

图 10-9　向导-分析类型窗口

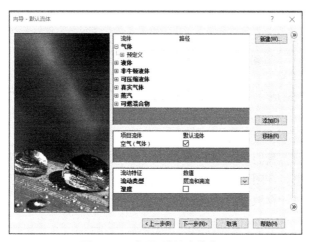

图 10-10　向导-默认流体窗口

步骤 10　单击"下一步"按钮，进入向导-壁面条件窗口。

步骤 11　在向导-壁面条件窗口中（见图 10-11），保持默认值不变。

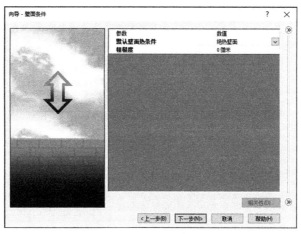

图 10-11　向导-壁面条件窗口

步骤 12　单击"下一步"按钮，进入向导-初始条件和环境条件窗口。

步骤 13　在向导-初始条件和环境条件窗口中（见图 10-12），修改速度参数项下的 Z 方向的速度为 −25m/s。其他设置保持默认状态。

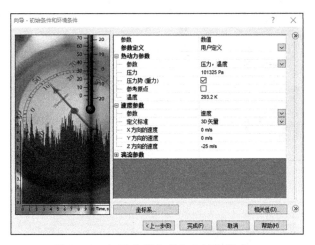

图 10-12　向导-初始条件和环境条件窗口

步骤 14　单击"完成"按钮，结束向导设置。至此，在向导功能引导下，完成了 FloEFD 项目的创建。

4. 计算域调整

在向导功能引导下，我们已建立 Car_outflow_1 项目。如图 10-13 所示，在软件界面的左侧，能看到项目的信息。在图形窗口，除分析模型外，还能看到系统已自动添加了一个计算域。通常，我们需要对计算域进行调整，以下是调整步骤。

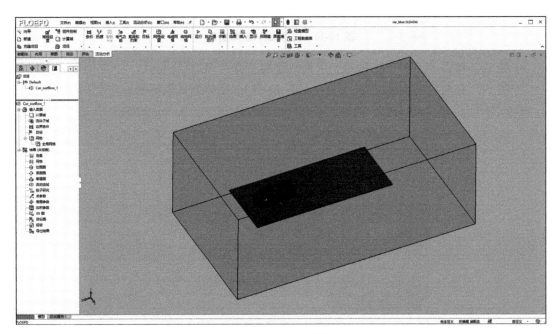

图 10-13　FloEFD 新项目建立

步骤 1　在软件界面的左侧，在项目 Car_outflow_1 下，右击输入数据下的计算域，出现下拉菜单，选择编辑定义（见图 10-14）。

步骤 2　在计算域窗口的大小和条件一栏中调整计算域的大小。可参考图 10-15 中的设置做计算域调整。

步骤 3　计算域设置完成后，单击计算域窗口左上角的绿色✓，用以确认和保存设置，并退出编辑定义窗口。

图 10-14　计算域编辑定义

图 10-15　计算域编辑窗口

5. 建立边界条件

步骤 1　在软件界面的左侧，在项目 Car_outflow_1 下，右击输入数据下的边界条件，出现下拉菜单，选择插入边界条件（见图 10-16）。

步骤 2　在边界条件设置窗口，选取部件 Wheel<1>，该部件的所有面都被选中。再单击选择栏左侧的过滤按钮，在过滤器中选择"保留外面和流体接触面"（见图 10-17）。

图 10-16　插入边界条件

图 10-17　壁面类型边界条件设置

步骤 3　在类型栏中选择壁面，同时选取真实壁面一项。

步骤 4　勾选壁面运动一栏，下面出现设置入口（见图 10-18）。角速度项中填入数值 679RPM。注意，需要将参考坐标系调整为 Wheel<1>的坐标系。为边界条件命名为 RPM_Wheel1。

步骤 5　Wheel<1>边界条件设置完成，单击边界条件设置窗口左上角的绿色√，退出该窗口。

步骤 6　参照 Wheel<1>的设置方法，设置 Wheel<2>、Wheel<3>和 Wheel<4>。即重复步骤 1~步骤 5 的操作，只是选择部件依次变更为 Wheel<2>、Wheel<3>和 Wheel<4>。同时，需要注意核对角速度方向。

步骤 7　单击插入边界条件，打开边界条件设置窗口。

步骤 8　在图形窗口，用鼠标左键点选地面的上表面。在类型一栏，选择壁面中的真实壁面。

步骤 9　勾选壁面运动一栏，下面出现设置入口（见图 10-19）。速度项中填入数值 25m/s。注意，确认参考轴的方向与车行驶方向一致。为边界条件命名为 Moving_Ground。

图 10-18　壁面运动设置栏（轮子）

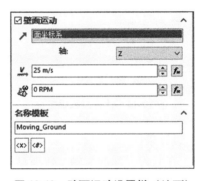

图 10-19　壁面运动设置栏（地面）

步骤 10　地面边界条件设置完成，单击边界条件设置窗口左上角的绿色√，退出该窗口。

6. 建立目标

（1）建立全局目标

步骤 1　在软件界面的左侧，在项目 Car_outflow_1 下，右击输入数据下的目标，出现下拉菜单，选择插入全局目标（见图 10-20），会弹出全局目标设置窗口。

步骤 2　在全局目标设置窗口中（见图 10-21），勾选静压、动压和速度的平均值。其他设置保持默认。

步骤 3　全局目标设置完成后，单击窗口左上角的绿色√，完成设置，退出该窗口。

（2）建立表面目标

步骤 1　在软件界面的左侧，在项目 Car_outflow_1 下，右击输入数据下的目标，出现下拉菜单，选择插入表面目标（见图 10-20），弹出表面目标设置窗口（见图 10-22）。

步骤 2　在图形窗口中，采用鼠标左键单击方式，选择汽车引擎盖和挡风玻璃表面。可以看到，在表面目标设置窗口中，选择栏下面有刚才选取的两个表面。

图 10-20　插入全局目标

图 10-21　全局目标设置

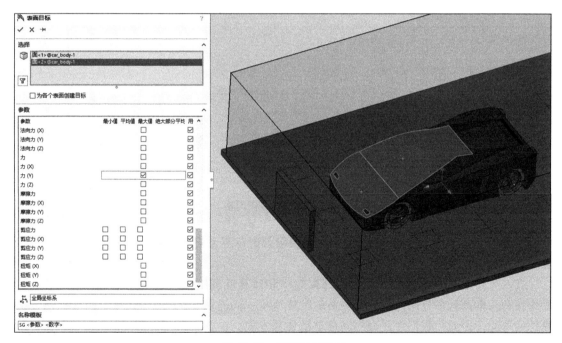

图 10-22　表面目标设置

步骤 3　在表面目标设置窗口中，选取力（Y）的最大值一项。其他设置保持默认状态。

步骤 4　表面目标设置完成后，单击窗口左上角的绿色√，完成设置，退出该窗口。

根据分析需求的不同，读者可以参照以上介绍的力（Y）表面目标的设置方法进行设置，在此不做赘述。

7. 网格设置

步骤 1　在软件界面的左侧，在项目 Car_outflow_1 下，右击输入数据下的网格中的全局网格，出现下拉菜单，选择编辑定义（见图 10-23），弹出全局网格设置窗口（见图 10-24）。

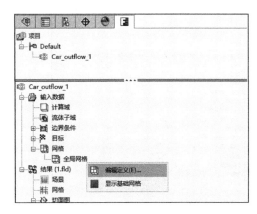

图 10-23　全局网格编辑定义

图 10-24　全局网格设置

步骤 2　在全局网格设置窗口中，默认自动划分网格模式。通过拉动滑动条，将初始网格的级别设置为 5。最小缝隙尺寸设置为 0.04m，其他设置保持默认状态。

步骤 3　可点选显示基础网格，在图形界面中会显示基础网格（见图 10-25）。

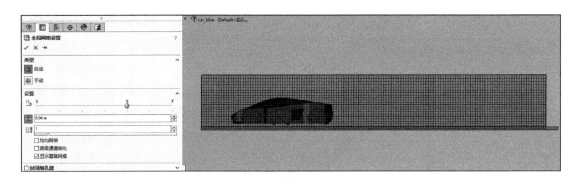

图 10-25　显示基础网格

步骤 4　网格设置完成后，单击全局网格设置窗口左上角的绿色 √，完成设置，退出该窗口。

在汽车外流 CFD 分析中，为提升计算效率和计算准确度，网格划分有很多行之有效的操作技巧。本章旨在介绍汽车外流分析的常规流程，同时展示 FloEFD 软件为用户提供便捷操作的可能，因此，我们在此介绍网格自动划分方式。在熟练掌握该设置方法的基础上，读者可以参考第 6 章的详细介绍，根据分析的需要，选择手动网格设置方式。

8. 核对参与计算的部件

在启动计算之前，需要核对参与计算的部件。在本分析案例中，汽车来流方向前方有一块名为 A 的实体部件，用于后处理流动迹线生成，并不参与计算。因此，我们需要将它设置为不参与计算。

步骤 1　在软件界面的左侧，在项目 Car_outflow_1 下，右击输入数据。在弹出的下拉菜单中，选择组件控制（见图 10-26），弹出组件控制窗口（见图 10-27）。

步骤 2　组件控制窗口中，默认是所有部件被勾选。找到部件 A，把右侧的勾选取消，表示该部件不参与计算。

　　步骤 3　调整完成后，单击组件控制窗口左上角的绿色√，完成设置，退出该窗口。

图 10-26　打开组件控制窗口

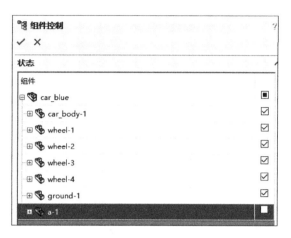

图 10-27　组件控制窗口

10.4.2　求解计算

　　现在，仿真分析的前处理已完成，下面进入求解计算环节。

　　步骤 1　单击流动分析→求解→运行，可参考图 10-28 所示路径，弹出求解计算窗口。

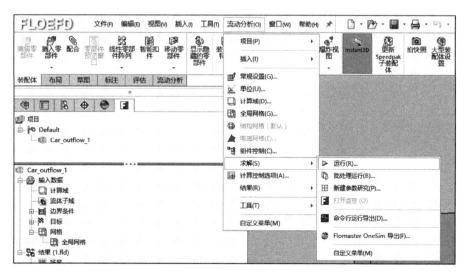

图 10-28　启动求解计算

　　步骤 2　保持求解计算窗口默认设置，单击右侧的运行按钮，发起计算。

　　求解过程中，会有求解器窗口弹出，便于用户监视计算进度。网格划分完毕后，进入的迭代计算（见图 10-29）。计算收敛后，软件会有结束提示。可关闭该窗口，进入计算结果后处理环节。

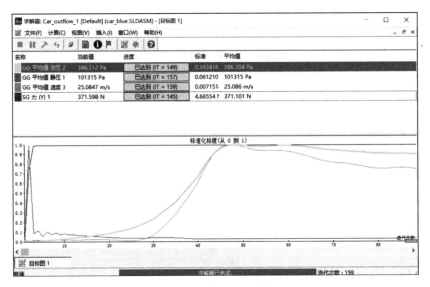

图 10-29　求解计算过程监视窗口

10.4.3　仿真结果分析

仿真结果分析的方法可参考第 8 章。在此我们给读者介绍流动迹线和目标值结果列表的后处理步骤。

1. 流动迹线结果

步骤 1　在装配体的部件列表中选中部件 A，右击，在弹出的菜单中选择取消隐藏（见图 10-30）。图形窗口中显示部件 A（见图 10-31）。

图 10-30　部件 A 取消隐藏

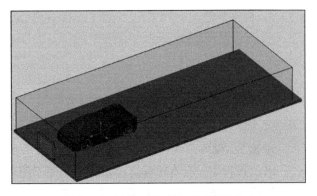

图 10-31　在图形界面窗口显示部件 A

步骤 2　在软件界面的左侧，在项目 Car_outflow_1 下，右击结果下的流动迹线，在弹出的菜单中选择插入，弹出流动迹线设置窗口（见图 10-32）。

步骤 3　在流动迹线设置窗口中，起始点一栏用于设置迹线源头。我们在图形窗口中，用鼠标左键单击点选部件 A 正对汽车头的表面，作为迹线源头面。

步骤 4　在流动迹线设置窗口中，调整迹线设置。迹线点数调整为 60；迹线外观调整为导管；颜色标准选择速度。其他设置保持默认状态（见图 10-33）。

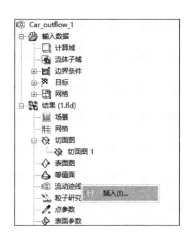

图 10-32　插入流动迹线

图 10-33　流动迹线设置窗口

步骤 5　调整完成后，单击流动迹线设置窗口左上角的绿色 ✓，完成设置，退出该窗口。

完成步骤 5 后，图形界面显示速度的流动迹线，如图 10-34 所示。

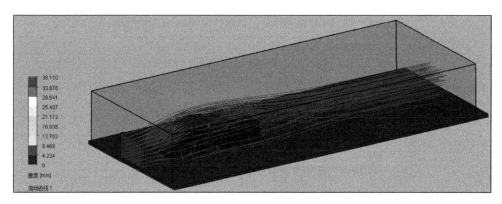

图 10-34　速度的流动迹线

2. 目标值结果列表

步骤 1　在软件界面的左侧，在项目 Car_outflow_1 下，右击结果下的目标图，在弹出的菜单中选择插入，弹出目标图设置窗口（见图 10-35）。

步骤 2　在目标图设置窗口中，选中全部目标。单击下方的"导出到 Excel"按钮（见

图 10-36），将会弹出一个打开的 Excel 表格，其中包含我们选定的所有目标值的结果（见图 10-37）。

如果不选用 Excel 表格输出方式，可以单击目标图设置窗口下方的"显示"按钮，在软件界面的下方会弹出摘要窗口（见图 10-38）。

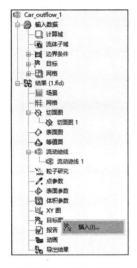

图 10-35　插入目标图

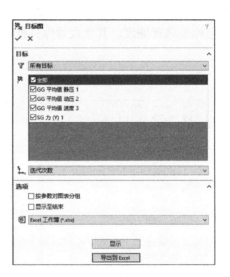

图 10-36　目标图设置

car_blue.sldasm [Car_outflow_1 [Default]]									
目标名称	单位	数值	平均值	最小值	最大值	进度 [%]	用于收敛	增量	标准
GG 平均值 静压 1	[Pa]	101315.4526	101315.4507	101315.4148	101315.4721	100	是	0.057309675	0.061210534
GG 平均值 动压 2	[Pa]	386.3124595	386.3041543	386.2492367	386.3915042	100	是	0.142267457	0.392418482
GG 平均值 速度 3	[m/s]	25.08474133	25.08598982	25.08222776	25.08891002	100	是	0.006682254	0.007151448
SG 力 (Y) 1	[N]	371.5981115	371.1006131	370.422539	371.7378033	100	是	1.315264309	4.665535671

图 10-37　在 Excel 表格中的目标值结果（Excel 表格输出）

目标名称	单位	数值	平均值	最小值	最大值	进度 [%]	用于收敛	增量	标准
GG 平均值 静压 1	[Pa]	101315.45	101315.45	101315.41	101315.47	100	是	0.06	0.06
GG 平均值 动压 2	[Pa]	386.31	386.30	386.25	386.39	100	是	0.14	0.39
GG 平均值 速度 3	[m/s]	25.085	25.086	25.082	25.089	100	是	0.007	0.007
SG 力 (Y) 1	[N]	371.598	371.101	370.423	371.738	100	是	1.315	4.666

图 10-38　在摘要窗口显示的目标值结果（显示）

10.5　小结

本章详细介绍了采用 FloEFD 进行汽车外流分析的流程。读者在熟练掌握本章所述流程的基础上，如果有分析能力进阶的需求，可以结合本书第 6 章和第 8 章，在网格手动划分的设置和结合实际场景的结果后处理上进一步尝试与探索。

第 11 章

汽车功放热仿真实例

11.1 汽车功放产品介绍

汽车音频放大器（以下简称功放）可以作为音响系统的功率源。从技术上讲，放大器是用来调节汽车电源产生的音响功率大小的电子设备。功放为扬声器带来指定的输入并将以低频和高频声音来充分协调整个声音系统。

功放芯片（Power IC）作为半导体器件，其温度不仅影响功放芯片的寿命，而且会影响功放的输出功率大小。另一方面，出于整车厂对汽车模块成本与减重的要求，功放厂商严格控制散热器的成本和重量，导致功放的功率密度不断增加。目前对于汽车功放的散热，一般中低端产品采用自然散热，输出总功率偏大的高端产品采用风冷散热。总之，功放芯片散热是功放模块散热的巨大挑战。

功放芯片与散热器之间通常填充热界面材料（TIM），用以减少接触热阻。功放芯片的热量先通过热界面材料传递到散热器上，再通过自然散热或者风冷的方式传递到空气中。汽车功放的外形结构如图 11-1 所示。

图 11-1　汽车功放的外形结构

11.2 功放热设计目标

功放热设计的主要目标是在保证性能和寿命的前提下，尽可能降低热设计成本。由于功放芯片的输出取决于它的驱动电流和结点温度，所以为了降低功放芯片的结点温度，往往会采用金属散热器来帮助功放芯片和其他芯片进行散热，图 11-2 所示输出与效率曲线的功放芯片工况采用了散热器进行散热。但金属散热器的使用会增加功放模块的成本，同时也会增加功放模块的重量。如果能在满足设计要求的前提下，对散热器进行减重，或者将风冷改成自然散热是降低模块成本的常见方法。随着输出功率的增大，尽管输出效率在提高，但热耗散功率也在快速提高，因此在客户对产品功率输出越来越高的要求下，如何解决其发热问题就变成功放设计中无法绕过去的课题。

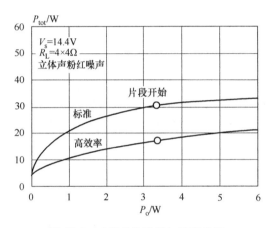

图 11-2　功放芯片输出与效率曲线

11.3 功放通用散热架构

功放模块的散热，对于其中的自然散热架构来说是典型的三明治架构，主要由 PCB、散热器和冷轧钢板底盖组成。其散热路径如图 11-3 所示。

功放芯片和功率器件的绝大部分热功耗通过热传导的方式传递至铝散热器。通常会在 PCB 和铝散热器之间涂抹导热界面材料，以减少热量在通过这个接触面时在两端形成的温差。最终，大功率器件上的热量通过散热器对流与热辐射的方式进入至周围环境中。

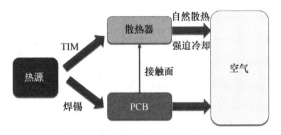

图 11-3　典型的功放散热路径

在功放内部，热源的分布也是不均匀的。其分布也会明显影响到最终功放壳体和内部芯片的温度。所以在仿真前，需要获得 PCB 的几何信息和元件布局，如图 11-4 所示，同时还需要增加板层的信息。

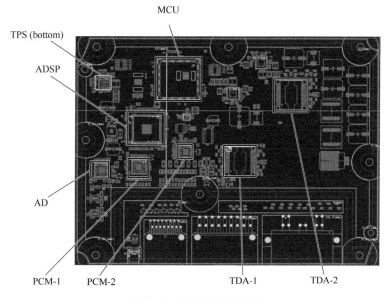

图 11-4　PCB 及元件布局

11.4　功放热仿真

11.4.1　建立模型

1. 打开模型

打开 FloEFD 软件，依次单击 File→Open。如图 11-5 所示，在 File Open 窗口中，找到 Amplifier 文件夹中 A8 Simu_0205 文件，并且单击 Open 按钮。

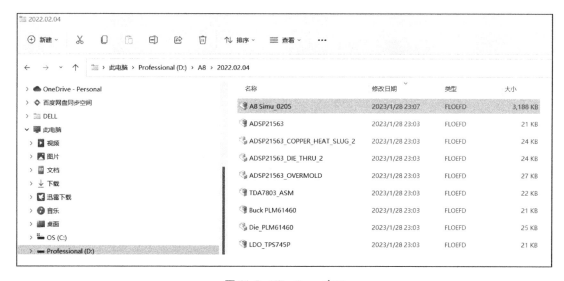

图 11-5　File Open 窗口

2. 检查模型

1）单击 Flow Analysis→Tools→Check Geometry。如图 11-6 所示，在弹出的 Check Geometry 窗口中单击 Check 按钮，查看功放几何模型是否通过模型检查。

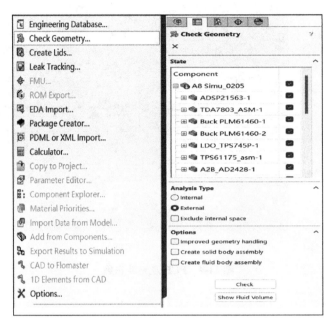

图 11-6 Check Geometry 窗口

2）单击 Check Geometry 窗口左上角的红色×，即可退出 Check Geometry 窗口。

3. 创建 FloEFD 项目

1）单击 Flow Analysis→Project→Wizard。

2）如图 11-7 所示，进入 Wizard-Project Name 窗口后，在 Project name 中输入 Project-1。

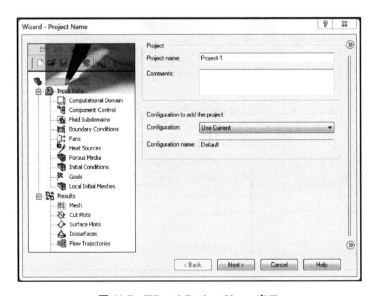

图 11-7 Wizard-Project Name 窗口

3）单击 Next 按钮。

4）如图 11-8 所示，进入 Wizard-Unit System 窗口后，选择 SI（m-kg-s）作为此 FloEFD 项目的单位系统，并且将 Temperature 的单位修改为℃，并将温度的精度改成 1 位小数。

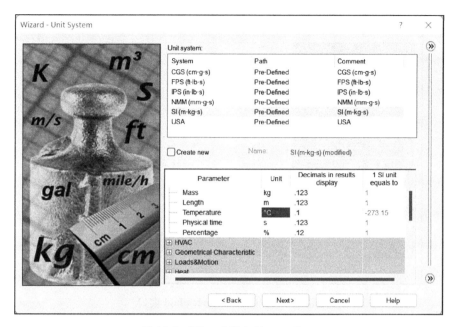

图 11-8　Wizard-Unit System 窗口

5）单击 Next 按钮。

6）如图 11-9 所示，进入 Wizard-Analysis Type 窗口后，在 Analysis type 中选择 External，勾选 Fluid Flow、Conduction、Radiation 和 Gravity 选项，并将 Environment temperature 设置成 85℃，将 Gravity 的 Z component 设为−9.81m/s²。

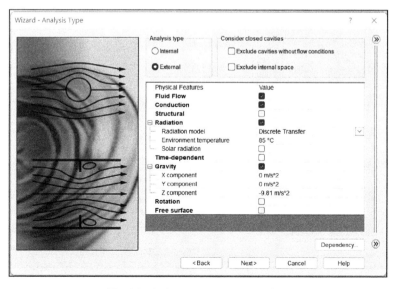

图 11-9　Wizard-Analysis Type 窗口

7）单击 Next 按钮。

8）如图 11-10 所示，进入 Wizard-Default Fluid 窗口后，展开 Gases→Pre-Defined，选择 Air（Gases）作为项目的默认流体，将 Flow type 设置为 Laminar and Turbulent。

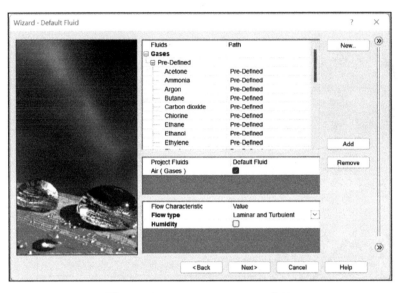

图 11-10　Wizard-Default Fluid 窗口

9）单击 Next 按钮。

10）如图 11-11 所示，进入 Wizard-Default Solid 窗口后，展开 Pre-Defined→Customer，选择 Component-10W/m * K 作为项目默认固体。其创建过程参考后面的"创建固体材料"部分。

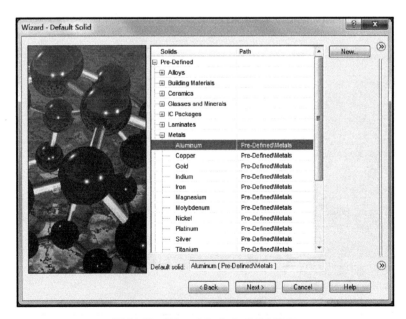

图 11-11　Wizard-Default Solid 窗口

11）单击 Next 按钮。

12）如图 11-12 所示，进入 Wizard-Wall Conditions 窗口后，保持默认值不变。

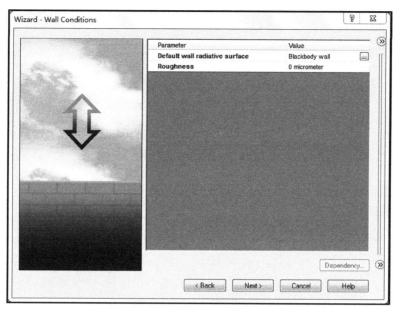

图 11-12　Wizard-Wall Conditions 窗口

13）单击 Next 按钮。

14）如图 11-13 所示，进入 Wizard-Initial and Ambient Conditions 窗口后，展开 Thermodynamic Parameters，将 Temperature 设置为 85℃。展开 Solid Parameters，将 Initial solid temperature 同样设置为 85℃。

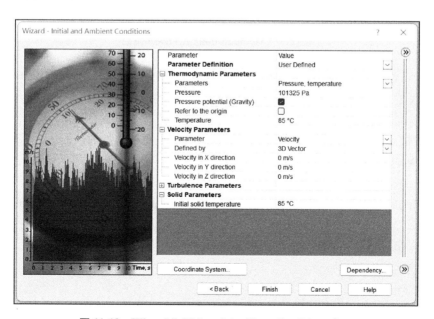

图 11-13　Wizard-Initial and Ambient Conditions 窗口

15）单击 Finish 按钮，完成 FloEFD 项目创建。

4. 求解域调整

1）如图 11-14 所示，右击 FloEFD 模型树中的 Computational Domain，在弹出的菜单中选择 Edit Definition。

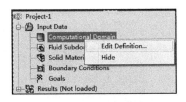

图 11-14　FloEFD 模型树

2）进入 Computational Domain 窗口后，如图 11-15 所示，用拖拉 Domain 外框的方法设置 Size and Conditions。

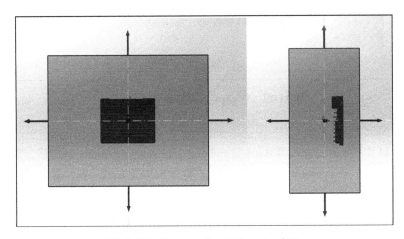

图 11-15　Computational Domain 窗口

3）对于自然散热，Domain 的大小按照非重力方向，例如此处的+/-X 及+/-Y 方向各比产品最大尺寸扩大一倍，重力方向-Z 方向扩大一倍，重力反方向扩大 3 倍来设置。

5. 创建固体材料

1）创建默认材料 Component-10W/m ∗ K 特性，及主要材料如散热器 ADC12、底盖镀锌钢板与 PCB 复合材料。

2）单击 Flow Analysis→Tools→Engineering Database。

3）在弹出的 Engineering Database 窗口中，选择 Database tree 下的 Materials→Solids→User Defined。

4）单击 File→New，在弹出的 Item Properties 选项卡中，双击空白单元格，如图 11-16 所示设置相应的特性。

5）单击 File→Save。

6）单击 File→Exit，退出 Engineering Database 窗口，完成材料 Component-10W/m ∗ K 的特性设置。

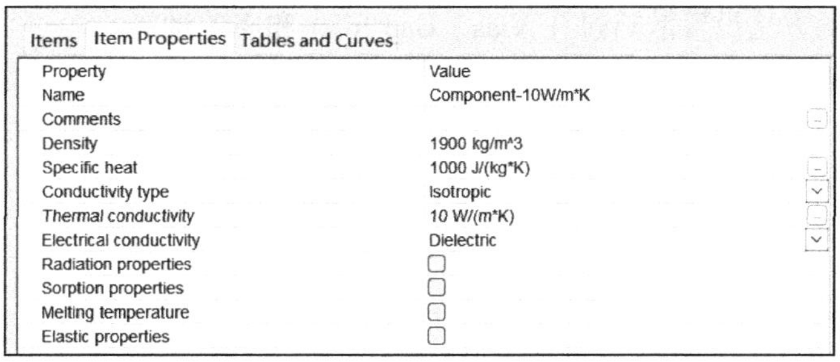

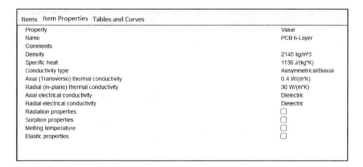

图 11-16　默认材料特性

7）PCB 复合材料热特性（见图 11-17）如下：

■ Name：PCB 6-Layer

■ Density：$2145kg/m^3$

■ Specific heat：$1136J/(kg \cdot K)$

■ Conductivity type：Axisymmetrical/Biaxial

■ Thermal conductivity：$30W/(m \cdot K)$、$0.4W/(m \cdot K)$

图 11-17　PCB 复合材料热特性

8）散热器材料 ADC12 热特性（见图 11-18）如下：

■ Density：$2820kg/m^3$

■ Specific heat：$963J/(kg \cdot K)$

■ Conductivity type：Isotropic

■ Thermal conductivity：$92W/(m \cdot K)$

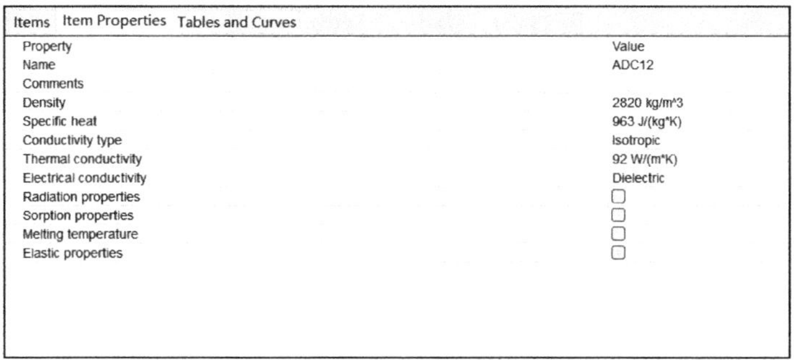

图 11-18　散热器材料 ADC12 热特性

9）采用同样的方法设置散热过孔 Vias、Gap filler 和底盖材料。

6. 创建表面辐射系数

除了软件自带的辐射系数黑体等，我们根据需要还可以创建默认表面辐射系数及散热器喷砂表面、钢板镀锌表面与 PCB 绿油表面参数（见图 11-19）。

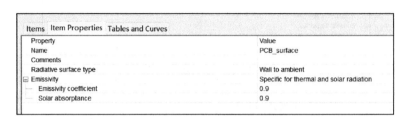

图 11-19　创建表面辐射系数

7. 选用固体材料

1）选用固体材料属性作为默认材料属性，在 General Settings 窗口选择 Solids，然后在 User Defined 选择在 A8 文件夹下面的 Component-10W/m * K（见图 11-20）。

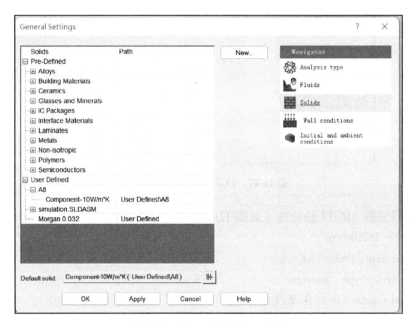

图 11-20　General Settings 窗口

2）右击 FloEFD 模型树中的 Solid Materials，在弹出的菜单中选择 Insert Solid Material。

3）如图 11-21 所示，在弹出的 Solid Material 窗口中，在 Selection 中选择几何模型树，在 Solid 中选择 User Defined 下的 PCB 6-Layer。单击 Solid Material 窗口左上角的绿色√，退出 Solid Material 窗口，完成 PCB 材料的定义。

4）采用以上相同方法，定义结构件与元器件的属性（见图 11-22 和图 11-23）。

8. 定义热源

1）单击 Flow Analysis→Insert→Volume Source。

2) 如图 11-24 所示，在弹出的 Volume Source 窗口中，在 Selection 中选择几何模型，在 Parameter 中选择 Heat Generation Rate ，并且在 Heat Generation Rate 中输入 12W。单击 Volume Source 窗口左上角的绿色✓，退出 Volume Source 窗口，完成某 IC 的热功耗定义。

图 11-21　Solid Material 窗口（1）

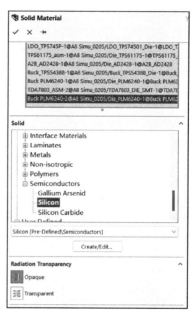

图 11-22　Solid Material 窗口（2）

图 11-23　Solid Material 窗口（3）

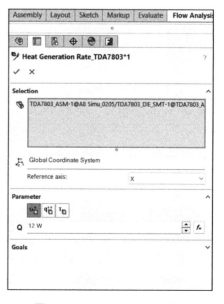

图 11-24　Volume Source 窗口

3) 采用相同方法，根据表 11-1 对功放元件定义体积热源。

表 11-1　功放元件热耗表

目标名称	允许结温/℃	功耗/W
IC57201_TDA7803	150	12
IC57200_TDA7803	150	9.8
ADSP_IC55300	125	2.28
IC53504　TPS54388	150	0.427
MCU_IC54000	125	0.263
IC55000_PCM6240	150	0.25
IC55100_PCM6240	150	0.25
IC52500_AD2428	150	0.17
IC51200　TJA1043	150	0.135
IC53502 LDO TPS74501	150	0.127
IC54010_Flash	125	0.1
L53501	125	0.1
L53500	125	0.1
IC53510_TPS61175	150	0.09476
IC53500 5Vbuck	150	0.067
IC53501_3Vbuck	150	0.057
IC55301_Flash	125	
Heatsink Max（ref.）	105	

9. 定义辐射表面

1）单击 Flow Analysis→Insert→Radiative Surface。如图 11-25 所示，在弹出的 Radiative Surface 窗口中，在 Selection 中选择几何模型树。在 Type 中选择 User Defined→simulation.SLDASM→Default→PCB_surface。

2）单击 Radiative Surface 窗口左上角的绿色√，退出 Radiative Surface 窗口，完成 PCB 表面的辐射率的设置。

采用同样的方法完成散热器喷砂表面与底盖材料设置。

10. 定义工程目标

1）右击 FloEFD 模型树中的 Goals，并且在弹出的菜单中选择 Insert Volume Goal。

2）如图 11-26 所示，在弹出的 Volume Goals 窗口中，在 Selection 选择几何模型 ADSP 详细模型中的 die。在 Parameters 中，勾选 Temperature（Solid）的 Max。单

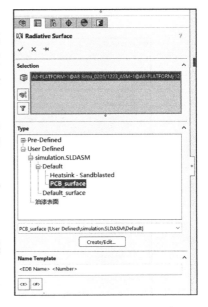

图 11-25　Radiative Surface 窗口

击 Volume Goals 窗口左上角的绿色√，退出 Volume Goal 窗口，并且将自动创建的名称 VG Max Temperature（Solid）1 更改为 ADSP Max Temp。

3) 采用以上相同方法，分别为其他芯片的 Die 创建温度监控点，并得到除网格外的其他参数设置 Input Data 完整的树结构，如图 11-27 所示。

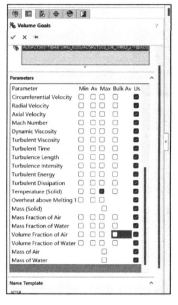

图 11-26　Volume Goals 窗口

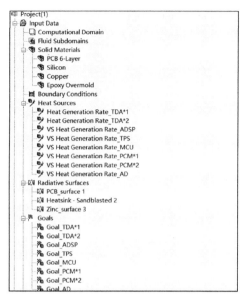

图 11-27　FloEFD 模型树

11. 网格划分

右击 FloEFD 模型树中 Mesh 下的 Global Mesh Settings，并且在弹出的对话框中设置全域网格的参数。如图 11-28 所示，全域网格的设置一般有 Automatic 和 Manual 两种方式。如果采用 Automatic，可以先使用默认的 3 级精度网格，如果采用 Manual，则可按照自己习惯的方式设置，并在此基础上设置局域网格。

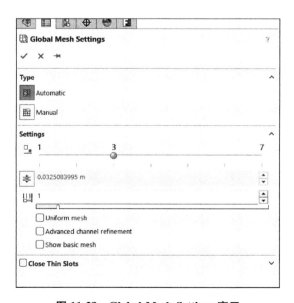

图 11-28　Global Mesh Settings 窗口

12. 克隆项目

1）单击 Flow Analysis→Project→Clone Project。如图 11-29 所示，在弹出的 Clone Project 窗口的 Project Name 中输入 Project-2。完成设置后，单击 Clone Project 窗口左上角的绿色√即可退出 Clone Project 窗口。

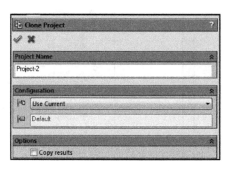

图 11-29　Clone Project 窗口

2）右击 FloEFD 模型树中的 Radiative Surface，如图 11-30 所示，在弹出的菜单中选择 Edit Definition。

3）如图 11-31 所示，在弹出的 Radiative Surface 窗口中，在 Type 中选择 Real Surfaces→Power Coating，完成功放散热器表面辐射特性的重新定义。

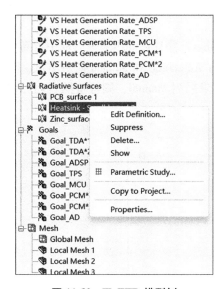

图 11-30　FloEFD 模型树

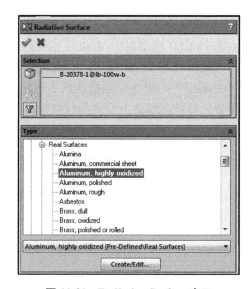

图 11-31　Radiative Surface 窗口

11.4.2　求解计算

1）单击 Flow Analysis→Solve→Batch Run。如图 11-32 所示，设置批处理求解计算选项。其中 Use CPU(s) 确定了参与计算的 CPU 核数，此处可根据实际计算机配置进行调整。Maximum simulation run 确定了同时计算的项目数量。

2）单击 Batch Run 窗口中的 Run 按钮，对 Project-1 和 Project-2 项目进行求解计算。

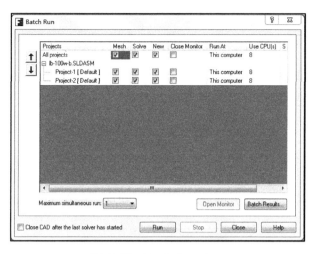

图 11-32　Batch Run 窗口

11.4.3　仿真结果分析

1）如图 11-33 所示，右击 FloEFD 模型树中 Results 下
的 Goal Plots，在弹出的菜单中选择 Insert。

2）如图 11-34 所示，在弹出的 Goal Plot 1 窗口中，勾
选 All，并且勾选 Options 下的 Group charts by parameter。

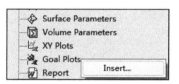

图 11-33　FloEFD 模型树

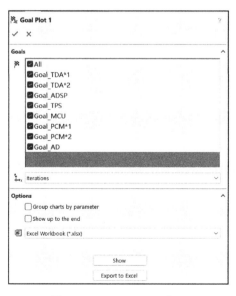

图 11-34　Goal Plot 1 窗口

3）单击 Goal Plot 1 窗口左上角的绿色√，退出 Goal Plot 1 窗口。

4）单击 Flow Analysis→Results→Compare。如图 11-35 所示，打开 Compare 窗口，勾选
Goal Plot 1 和 Projects。单击窗口左上角的 Compare 图标，将 Project-1 和 Project-2 两个项目

的目标结果进行对比。

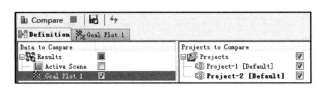

图 11-35　Compare 窗口 Definition 选项卡

5）如图 11-36 所示，单击 Goal Plot 1 选项卡，从图中可以看出，Project（2）［默认］（With Powder Coating）的监控目标的温度普遍要比 Project（1）［默认］（With Sandblasting）的监控目标温度低，其中功放芯片降低超过 10℃，其余器件在 5℃以上。

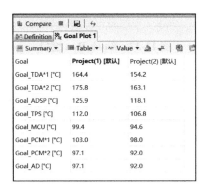

图 11-36　Compare 窗口 Goal Plot 1 选项卡

11.5　小结

对于自然散热的汽车电子模块来说，常用的是三明治结构，如何正确地建立模型和设置材料及结构件表面的辐射系数，以及合理计算 TIM 材料的厚度，是关系到仿真准确性的关键因素。

第 12 章
汽车主机产品热仿真实例

12.1 汽车主机产品介绍

车载主机是车载影音系统的核心部分，早期主要功能是播放音源，相当于家庭影院的影碟机。不过为了更适合汽车内空间狭小的特点，车载主机也经常带有一定的机头能力，如果对扬声器要求不是太高，就不再需外接功放，可以更简便地组成影音系统。主机还带有显示屏，这样的主机只需连接扬声器就可以构成一套影音系统。车载音响的主机通常放置在汽车的控制面板上，方便驾驶员触及、操纵。在整个车载影音系统中，主机作为最初信号源，可以称得上是所有部件中最基本、最重要的一个。

近年来主机产品上往往内嵌导航功能，所以又俗称汽车导航。如今，汽车导航产品越来越普遍，功能也越来越多，除了基本的 CD/收音机、GPS 导航、蓝牙、USB/AUX 外，正向着智能化、网络化发展，Wi-Fi、WCDMA 也逐步得到应用，现在也称之为车载娱乐信息（IVI）系统。汽车导航现在已不再是高配车专有的配置，已经变成汽车的标准配置。

随着相关车载软硬件的演进和车联网服务形式的不断创新，现在的 IVI 系统已逐渐覆盖了导航、音乐、视频、语音识别、电话、信息交互等内容。同时，在车内 IVI 系统的体系架构的演进上，IVI 系统与车身电子、ADAS 等系统之间逐渐呈现硬件一体化、软件互操作的发展趋势。

图 12-1 为一个基本功能的主机产品的拆解图。

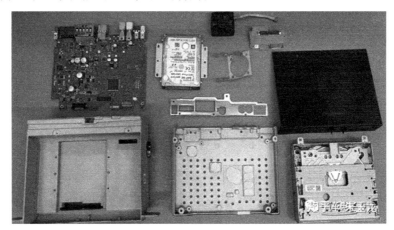

图 12-1　主机产品拆解

12.2 主机热设计目标

主机热设计的主要目标是在保证性能和寿命的前提下，尽可能降低热设计成本。如图 12-2 所示，由于主芯片（SOC）能否正常工作取决于结点温度，所以为了降低 IC 结点温度，往往会采用风扇加上金属散热器的方式帮助主芯片和其他芯片进行散热，图 12-3 中的主芯片即采用散热器进行散热。但如何在风扇型号已经选定的情况下，通过内部结构改进（即风道优化）来提高其散热能力，同时将噪声控制在合理范围，就变成风冷散热模块如机头产品中需要重点解决的问题。

图 12-2 机头产品外观图

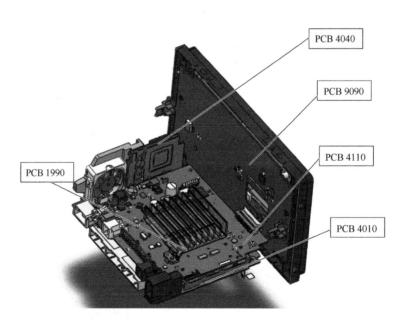

图 12-3 机头产品 PCB 分布图

12.3 主机产品风冷散热结构

机头产品主要采用强迫风冷来进行散热，主要由机箱钣金盖、5 块 PCB（PCB 9090、PCB 4040、PCB 1990/Intel 模组、PCB 4110 和 PCB 4010，见图 12-4）、散热器、风扇等构成。

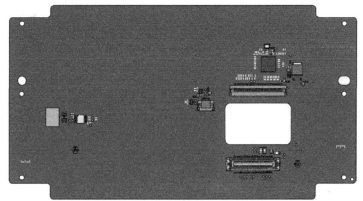

a) PCB 9090

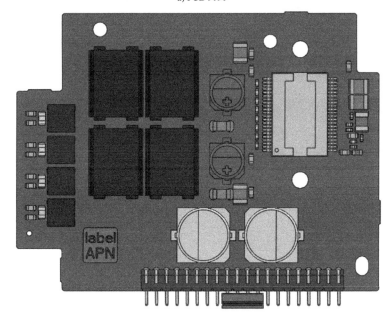

b) PCB 4040

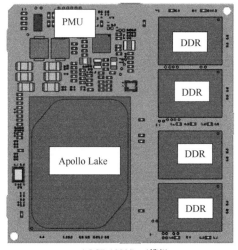

c) PCB 1990/Intel模组

图 12-4　PCB 及元件布局

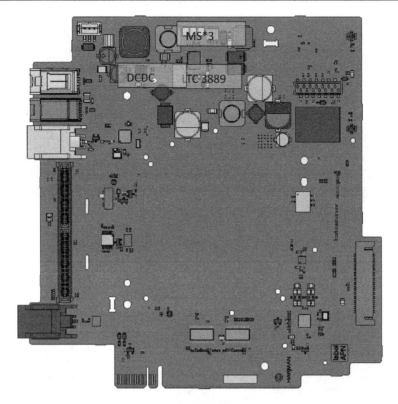

d) PCB 4110

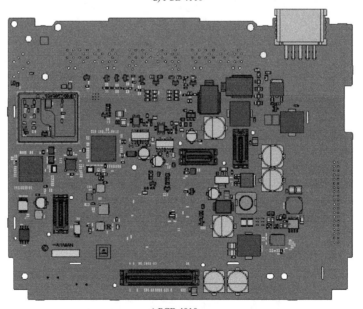

e) PCB 4010

图 12-4 PCB 及元件布局（续）

主芯片 Intel Appolo Lake 模块正面与内部散热器相连，首先将芯片的热量传导至散热器上，通过散热器扩散后，再通过风扇的强迫风冷将热量带走，而其他芯片则通过风冷进行直接冷却。

12.4　风冷机头热仿真

12.4.1　建模与输入条件设置

与第 11 章类似，打开模型 HU_160b Simu_0310 的 3D 模型导入后检查完整性，并通过 FloEFD 创建一个项目名为 HU_160b 的项目，此项目客户要求的环境温度为 65℃，所以仿真时同时将辐射环境温度和空气温度都设置成 65℃，具体如图 12-5 所示。其余设置可参考第 11 章。

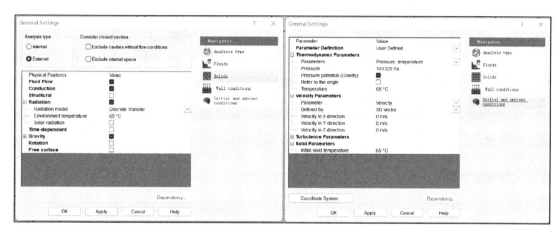

图 12-5　环境温度的设置

12.4.2　风冷求解域设置

1）如图 12-6 所示，右击 FloEFD 模型树中的 Computational Domain，在弹出的菜单中选择 Edit Definition。

2）进入 Computational Domain 界面后，如图 12-7 所示，可使用拖拉 Domain 外框的方法设置 Size and Conditions。

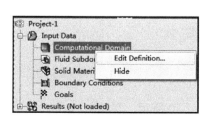

图 12-6　FloEFD 模型树

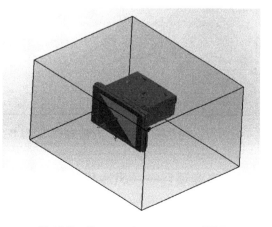

图 12-7　Computational Domain 界面

12.4.3 风冷创建风扇

1）创建风扇仿真模型前，先要根据风扇的详细模型，建立一个简化模型，比如本案例中的一款 4010 风扇，应从图 12-8 左边所示的详细模型简化出风扇进出口的关键尺寸信息，如图 12-8 右侧所示。

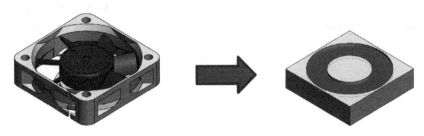

图 12-8 风扇 3D 模型简化

2）在创建好一个风扇对应的简化模型后，要给风扇选择物理参数，即对应的 P-Q 曲线。如图 12-9 所示，在 Internal Fan 1 窗口中，选择简化后的风扇几何模型内外两个内陷表面作为进风口和出风口，并且在风扇类型里面选择一个现有类型或者自己创建一个新型号的风扇（物理参数）。

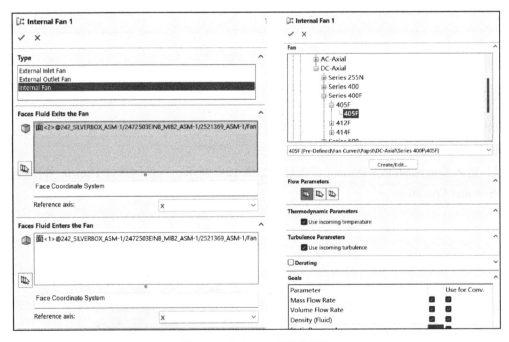

图 12-9 风扇 P-Q 曲线的设定

12.4.4 克隆项目——风冷优化

1）单击 Flow Analysis→Project→Clone Project。如图 12-10 所示，在弹出的 Clone Project 窗口的 Project Name 中输入项目名称，如 Project-2。完成后单击 Clone Project 窗口左上角的

绿色✓，退出 Clone Project 窗口。

2）右击 Feature Manager 树（见图 12-11）中 TNG_SILVERBOX_ASY_ASM 下的 3130479 文件，增加一个风道特征。

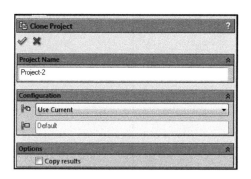

图 12-10　Clone Project 窗口

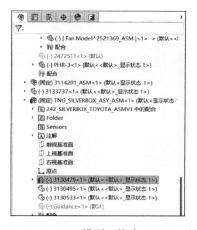

图 12-11　FloEFD 模型下修改 3130479 文件

3）在算例 HU-160b 基础上增加导风板，并将新算例命名为 HU_160b_Air Tunnel Optimized，具体变化如图 12-12 所示。

图 12-12　加导风板

4）对风冷优化的两个算例分别求解计算，运行 HU_160b 及 HU_160b_Air Tunnel Optimized 算例，进行求解计算，如图 12-13 所示。

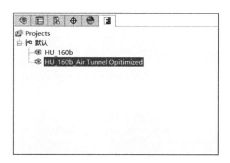

图 12-13　求解计算窗口

12.4.5 风冷仿真结果分析

1）右击 FloEFD 模型树中 Results 下的 Goal Plots，在弹出的菜单中选择 Insert。详细操作可参考第 11 章。

2）最终在 Goal Plots 下生成 Goal Plot 1，如图 12-14 所示。

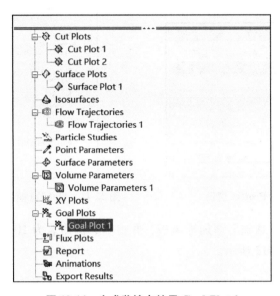

图 12-14 生成监控点结果 Goal Plot 1

3）右击 Goal Plot 1，在弹出的选项中选择 edit，选择 All Goals，再选择 show 按钮，分别得到原方案的数据（见图 12-15）及风道优化方案的数据（见图 12-16）。

Name	Current Value	Progress	Criterion	Averaged Value
Goal SOC	116.233 °C	Achieved (IT = 127)	1.53157 °C	116.089 °C
Goal-2*DrMOS	120.606 °C	Achieved (IT = 127)	1.63229 °C	120.451 °C
Goal-4*DDR	110.216 °C	Achieved (IT = 129)	1.35172 °C	110.077 °C
Goal-BT	110.968 °C	Achieved (IT = 134)	1.37575 °C	110.774 °C
Goal-DCDC E522	128.711 °C	Achieved (IT = 127)	1.88951 °C	128.513 °C
Goal-DIO	130.175 °C	Achieved (IT = 127)	1.94802 °C	129.999 °C
Goal-Dirana3	129.875 °C	Achieved (IT = 126)	1.9316 °C	129.751 °C
Goal-eMMC	110.637 °C	Achieved (IT = 135)	1.36028 °C	110.436 °C
Goal-IOC RH850	94.0449 °C	Achieved (IT = 140)	0.849863 °C	93.8465 °C
Goal-LDO ISL78310 IC4885	177.692 °C	Achieved (IT = 126)	3.30732 °C	177.564 °C
Goal-LDO ISL78310-PCB4010	174.046 °C	Achieved (IT = 126)	3.214 °C	173.899 °C
Goal-LDO ISL78310-PCB4110	137.769 °C	Achieved (IT = 126)	2.14135 °C	137.628 °C
Goal-LDO-PCB9090	130.812 °C	Achieved (IT = 126)	1.97004 °C	130.698 °C
Goal-LTC 3899	165.513 °C	Achieved (IT = 126)	2.96909 °C	165.263 °C
Goal-LTC3899	162.781 °C	Achieved (IT = 126)	2.88673 °C	162.605 °C
Goal-MOSFET-PCB4010	138.151 °C	Achieved (IT = 127)	2.1757 °C	137.948 °C
Goal-MOSFET-PCB4110	149.38 °C	Achieved (IT = 126)	2.50912 °C	149.145 °C
Goal-NCV4276B	113.227 °C	Achieved (IT = 134)	1.44022 °C	113.021 °C
Goal-NPN Bipolar	135.837 °C	Achieved (IT = 128)	2.10741 °C	135.636 °C
Goal-PMIC	128.416 °C	Achieved (IT = 126)	1.85784 °C	128.271 °C
Goal-PowerIC 8530	117.371 °C	Achieved (IT = 130)	1.55501 °C	117.177 °C
Goal-Saturn	136.642 °C	Achieved (IT = 126)	2.14098 °C	136.518 °C
Goal-TEF7018	116.797 °C	Achieved (IT = 127)	1.51542 °C	116.665 °C
Goal-Video Decoder	105.393 °C	Achieved (IT = 126)	1.209 °C	105.29 °C

图 12-15 算例 HU_160b 监控点结果数据

Name	Current Value	Progress	Criterion	Averaged Val
Goal SOC	112.382 °C	Achieved (IT = 128)	1.4159 °C	112.243 °C
Goal-2*DrMOS	116.842 °C	Achieved (IT = 128)	1.51898 °C	116.694 °C
Goal-4*DDR	106.103 °C	Achieved (IT = 129)	1.22806 °C	105.974 °C
Goal-BT	109.375 °C	Achieved (IT = 134)	1.32822 °C	109.165 °C
Goal-DCDC E522	128.767 °C	Achieved (IT = 129)	1.88855 °C	128.552 °C
Goal-DIO	129.676 °C	Achieved (IT = 130)	1.93264 °C	129.442 °C
Goal-Dirana3	129.184 °C	Achieved (IT = 127)	1.91101 °C	129.066 °C
Goal-eMMC	108.728 °C	Achieved (IT = 135)	1.29151 °C	108.497 °C
Goal-IOC RH850	92.9894 °C	Achieved (IT = 140)	0.82099 °C	92.7975 °C
Goal-LDO ISL78310 IC4885	176.72 °C	Achieved (IT = 127)	3.27812 °C	176.582 °C
Goal-LDO ISL78310-PCB4010	173.258 °C	Achieved (IT = 127)	3.19046 °C	173.138 °C
Goal-LDO ISL78310-PCB4110	136.96 °C	Achieved (IT = 127)	2.1194 °C	136.849 °C
Goal-LDO-PCB9090	130.601 °C	Achieved (IT = 127)	1.96553 °C	130.486 °C
Goal-LTC 3899	163.757 °C	Achieved (IT = 127)	2.91364 °C	163.47 °C
Goal-LTC3899	161.887 °C	Achieved (IT = 127)	2.85763 °C	161.685 °C
Goal-MOSFET-PCB4010	137.279 °C	Achieved (IT = 127)	2.1493 °C	137.086 °C
Goal-MOSFET-PCB4110	147.732 °C	Achieved (IT = 127)	2.46028 °C	147.481 °C
Goal-NCV4276B	112.234 °C	Achieved (IT = 134)	1.4101 °C	111.997 °C
Goal-NPN Bipolar	134.806 °C	Achieved (IT = 128)	2.07457 °C	134.594 °C
Goal-PMIC	124.514 °C	Achieved (IT = 127)	1.74086 °C	124.376 °C
Goal-PowerIC 8530	115.675 °C	Achieved (IT = 131)	1.51313 °C	115.465 °C
Goal-Saturn	136.309 °C	Achieved (IT = 127)	2.12912 °C	136.185 °C
Goal-TEF7018	116.21 °C	Achieved (IT = 128)	1.51956 °C	116.068 °C
Goal-Video Decoder	105.192 °C	Achieved (IT = 127)	1.20358 °C	105.092 °C

图 12-16 算例 HU_160b_Air Tunnel Optimized 结果数据

4）风道优化后，通过监控 Intel 模块上器件温度得到优化的温度普遍比原始设计目标温度低，其中主芯片温度降低超过 4℃，见表 12-1。

表 12-1 两种设计下温度比较 （单位:℃）

监控点	原始方案	风道优化方案	优化收益
Goal SOC	116.2	112.4	3.8
Goal-4 * DDR	110.2	106.1	4.1
Goal-PMIC	128.4	124.5	3.9
Goal-2 * DrMOS	120.6	116.8	3.8
Goal-eMMC	110.6	108.7	1.9
Goal-LTC 3899	165.5	163.8	1.7
Goal-DCDC E522	128.7	128.8	-0.1
Goal-MOSFET-PCB4110	149.4	147.7	1.7
Goal-BT	111	109.4	1.6
Goal-LDO ISL78310-PCB4110	137.8	137	0.8
Goal-DIO	130.2	129.7	0.5
Goal-IOC RH850	94	93	1
Goal-LDO ISL78310 IC4885	177.7	176.7	1
Goal-MOSFET-PCB4010	138.2	137.3	0.9
Goal-Dirana3	129.9	129.2	0.7
Goal-Saturn	136.6	136.3	0.3
Goal-TEF7018	116.8	116.2	0.6

（续）

监控点	原始方案	风道优化方案	优化收益
Goal-NPN Bipolar	135. 8	134. 8	1
Goal-LDO ISL78310-PCB4010	174	173. 3	0. 7
Goal-LTC3899	162. 8	161. 9	0. 9
Goal-NCV4276B	113. 2	112. 2	1
Goal-PowerIC 8530	117. 4	115. 7	1. 7
Goal-Video Decoder	105. 4	105. 2	0. 2
Goal-LDO-PCB9090	130. 8	130. 6	0. 2

12. 5　小结

对于强迫风冷的汽车电子模块来说，从设计角度如何正确地选择风扇模型，同时合理地优化风道，以及合理使用 TIM 材料等是此类电子设备散热设计的关键。而风扇模型、TIM 材料的模型与参数设置及网格设置是关系到风冷热仿真准确性的关键因素。

通过第 11、12 章的介绍，我们了解了 FloEFD 在汽车电子产品散热设计仿真中的一些基础操作流程和方法。其实其他的仿真软件尽管在操作上会有一些差异，但总体流程是相似的，图 12-17 为热仿真的通用流程。

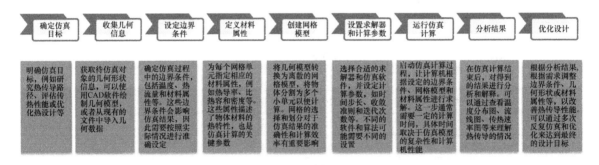

图 12-17　热仿真通用流程

第 13 章
FloEFD EDA Bridge 模块应用实例

13.1 背景

PCB（Printed Circuit Boards，印制电路板）被广泛应用于各类电子产品中，它是各类电子元件的载体，并且使它们进行电气连接。PCB 的主要构成为导电材料和绝缘基材，其中导电材料多采用铜，绝缘基材多采用 FR4，导电层间大多会采用过孔进行连接。对于 PCB 所起散热作用较小的场景（如大部分强制对流散热）中，可对 PCB 进行简单建模；而在 PCB 所起散热作用较大的场景（如自然对流散热）中，则必须对 PCB 进行详细建模。

FloEFD EDA Bridge 模块提供了 FloEFD 和 PCB 设计软件间的接口，以便用户将 PCB 设计软件导出的 EDA 文件直接导入至 FloEFD 进行详细建模，这样一方面可以提高建模精度，另一方面也可以提高建模效率。FloEFD EDA Bridge 可以支持以下 EDA 文件的导入：

1）Xpedition CC and CCE 文件（7.9.3 或更高版本）。

2）IDF 文件。

3）ODB++文件。

4）ProStep 文件。

5）IPC2581B 文件。

13.2 FloEFD EDA Bridge 界面

单击 Flow Analysis→Tools→EDA Import，即可打开 FloEFD EDA Bridge 界面，该界面为一个独立于 FloEFD 的界面，如图 13-1 所示。

如图 13-2 所示，单击菜单栏上的 File→Open 选项可以打开一个 EDA 文件以导入 PCB 的各项信息。Save 和 Save As 选项可保存或者另存当前的 PCB 文件（格式为 .edabridge）。Import Thermal List 和 Export Thermal List 选项可以导入或者导出含有元器件类型、热功耗和热阻等信息的表格文件，见表 13-1。其中 Reference Designator 列为元器件位号；Model Type 列为元器件建模方式，可选为 2Resistor 或 Simple；Filtered 列定义是否过滤该元器件，0 为不过滤，1 为过滤；Max T. Junction 列和 Max T. Case 列分别为元器件的最高结温和壳温；Resistance J/B 列和 Resistance J/C 列分别为双热阻模型的热阻 R_{jb} 和 R_{jc}；Power 列为元器件的热功耗。表 13-1 有特定格式，若导入时不确定表格格式，可通过 Export Thermal List 先导出一个表格模板，编辑好后再导入。Transfer Assembly 选项可将当前的 PCB 导出至 FloEFD，

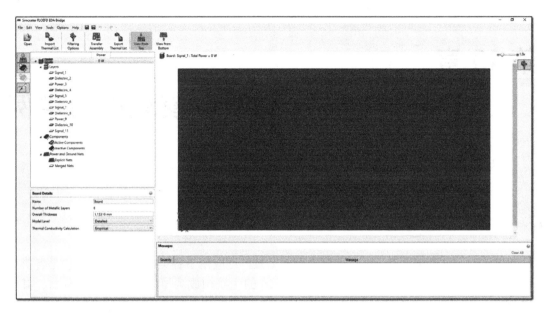

图 13-1　FloEFD EDA Bridge 界面

单击该选项后弹出图 13-3 所示的 Model Summary 窗口。用户选择合适的 Board Modeling Level 和 Thermal Conductivity Calculation 选项后单击 Begin Transfer 按钮即可将当前 PCB 模型导入至 FloEFD。Board Modeling Level 选项若设置为 Compact，则 PCB 将被视为具有各向异性导热系数的单一固体；若设置为 Detailed，则 PCB 将根据实际层数被分解为多层，每层均为一个各向异性导热系数的固体；若设置为 Material Map，则 PCB 将根据实际层数被分解为多层，且每一层均可根据实际导电材料的分布被划分为多个单元格，每个单元格具有不同的导热系数。Thermal Conductivity Calculation 选项只有当 Board Modeling Level 被设置为 Compact 或者 Detailed 时才会被启用，若设置为 Analytical，则通过理论计算 PCB 材质的导热系数；若设置为 Empirical，则通

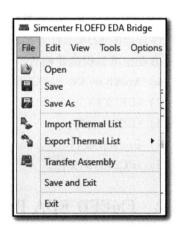

图 13-2　File 菜单栏

过经验推导公式计算 PCB 材质的导热系数。Analytical 计算值始终大于 Empirical 计算值，实际 PCB 大多介于两者之间。

表 13-1　Thermal List 表格

Reference Designator	Model Type	Filtered	Max T. Junction	Max T. Case	Resistance J/B	Resistance J/C	Power
			℃	℃	K/W	K/W	W
U5	2Resistor	0	90	75	0.1	1	3
U6	2Resistor	0	100	90	1	2	1.5
U8	Simple	0	90	75	10000000000	10000000000	0

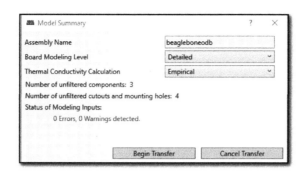

图 13-3　Model Summary 窗口

如图 13-4 所示，单击菜单栏上的 Edit→Undo 和 Redo 选项可以撤销或者重做当前的操作，其所对应的快捷键分别是键盘上的 Ctrl+Z 和 Ctrl+Y。

如图 13-5 所示，单击菜单栏上的 View，通过 Top 和 Bottom 选项可以切换俯视图和仰视图。通过 Components 选项可以显示或隐藏元器件。

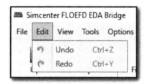

图 13-4　Edit 菜单栏

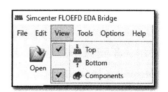

图 13-5　View 菜单栏

如图 13-6 所示，单击菜单栏上的 Tools，通过 Filtering Options 可以过滤部分尺寸较小的元器件以及孔来简化模型。如图 13-7 所示，勾选 Component Filters 可以启用元器件过滤功能。Filter Operator 选项用于确定过滤操作是"And"还是"Or"，若选择 And，则下方各过滤条件需同时满足；若选择 Or，则各过滤条件满足其一即可。下面给出过滤条件可设定尺寸、功耗等过滤参数，Reference Designator Contains 选项可设定过滤名称。需要注意的是，Reference Designator Contains 选项不受 Filter Operator 判断条件的限制。勾选 Hole Filters 可以启用孔过滤功能，尺寸小于 Hole Size Less Than 中设置的孔将被过滤。需要注意的是，该孔指的是不含镀层的孔，即过孔不受该选项影响。

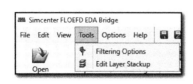

图 13-6　Tools 菜单栏

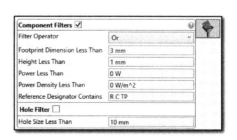

图 13-7　元器件过滤选项

单击菜单栏上的 Tools，通过 Edit Layer Stackup 选项可以编辑未锁定 PCB 的叠层。如图 13-8 所示，通过左侧工具栏，可以创建、复制、粘贴、新增、删除或移动 PCB 叠层；通过编辑表格属性，可以修改叠层名称、类型、导电材料以及绝缘基材、厚度和铺铜率等。

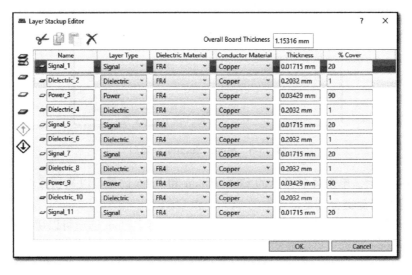

图 13-8　PCB 叠层编辑窗口

如图 13-9 所示，单击菜单栏上的 Options，通过 Preferences 选项可以设置用户偏好。如图 13-10 所示，Modeling Defaults 选项可以设定默认参数，在新建 PCB 或者导入的 PCB 不含这些参数时，可以将这些参数设置为该默认值。Filtering Defaults 选项可以设置默认的过滤条件。Warning Controls 选项可以设置将数据传输到 FloEFD 时触发警告的条件。Defaults Units 选项可以设置默认的单位。Geometry Controls 选项可以设置 Outline Editor 中的对齐尺寸。View Options 选项可以设置视图选项。

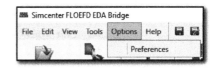

图 13-9　Options 菜单栏

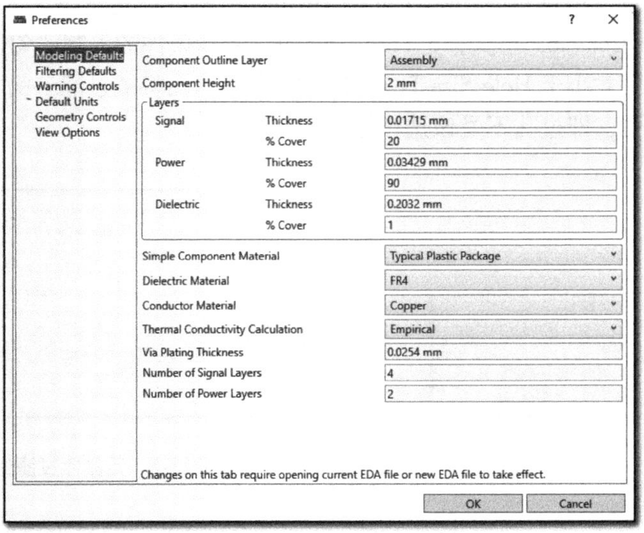

图 13-10　用户偏好设置窗口

此外，在菜单栏下方的工具栏中，还设置有图 13-11 所示的以上菜单栏中常用的快捷图标。

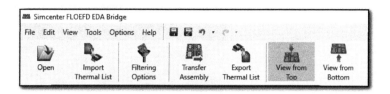

图 13-11　菜单栏下方的工具栏

如图 13-12 所示，在左侧工具栏中，通过 Layout Locked/Unlocked 🔒 可以锁定或者解锁 PCB，锁定后将不能对 PCB 进行编辑。解除锁定 PCB 后，通过 Create Component 🐞 可以创建一个新的元器件。通过 Delete Selected Component（s）🐞 可以删除通过 FloEFD EDA Bridge 创建的元器件，对于通过 EDA 文件导入的元器件，无法通过此选项进行删除，若有需要可以通过下文所述 Components 的 Filtered 功能将其过滤。Outline Editor ✏ 选项可以编辑 PCB 的外形尺寸。

如图 13-13 所示，模型节点树中显示了 PCB 的各个部件，其中 Layers 列出了 PCB 的各个叠层；Components 列出了 PCB 上的各个元器件，分为激活和未激活两种；Power and Ground Nets 列出了 PCB 内部各层中的导电材料，分为详细的和简单的两种。选中模型节点树的主节点，Board Details 列表将显示该 PCB 文件的主要信息，Name 为名称，Number of Metallic Layers 为层数，Overall Thickness 为厚度，Model Level 和 Thermal Conductivity Calculation 的设置可参考前文所述 Model Summary 窗口中的相关内容。

图 13-12　左侧工具栏

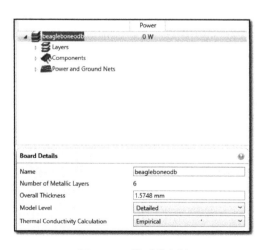

图 13-13　模型节点树

单击 Layers 左侧的三角形展开该节点，分别单击下方的各个叠层，右侧图形显示区中将显示对应的叠层，同时下方 Layer Details 区域将显示该叠层的详细信息，包含名称、厚度、绝缘材料、导电材料以及含铜量等，如图 13-14 所示。在 PCB 未锁定状态，可对其厚度、含铜量进行编辑。

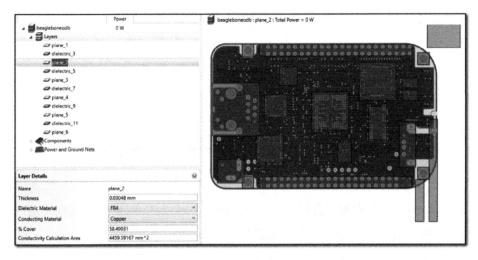

图 13-14　叠层信息

单击 Components 左侧的三角形展开该节点，其下包含 Active Components 和 Inactive Components 两个子节点。单击 Active Components 左侧的三角形展开该子节点，其下方列出了所有已激活的元器件。选中某一元器件时，右侧图形显示区中将对该元器件加亮显示，同时下方 Component 选项卡中显示了该元器件的详细信息，包含位号、名称、尺寸和位置等，如图 13-15 所示。勾选 Filtered 选项，可将该元器件进行过滤，过滤后热功耗为 0W 的元器件将自动被移动到 Inactive Components 子节点中。在 PCB 未锁定状态，可对元器件的尺寸、位置进行编辑。

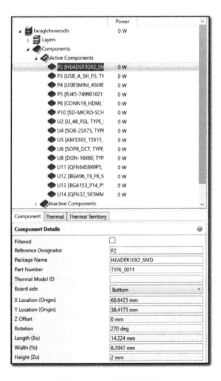

图 13-15　元器件信息

如图 13-16 所示，在 Thermal 选项卡中，可指定元器件的热模型建模方式，Model Type 可选为 Simple 或 2Resistor 两种。若选为 Simple 类型，则需在 Material 选项中指定该元器件的材料；若选为 2Resistor 类型，则需分别指定热阻 R_{jc} 和 R_{jb}。Power、Max. T Junction、Max. T Case 则可分别设定该元器件的功耗、最高结温和最高壳温。

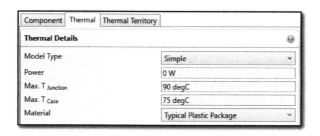

图 13-16　元器件 Thermal 选项卡

如图 13-17 所示，在 Thermal Territory 选项卡中，若将 Component Territory 选为 Enabled，则可对元器件附近的导电材料以实体形式详细建模；Inflation Size 为平面内细化区域超出元器件的范围；Depth To Layer 则可以指定要进行细化的叠层。需要注意的是，若有元器件的 Component Territory 被设置为 Enabled，则 PCB 的 Model Level 只能设置为 Detailed。

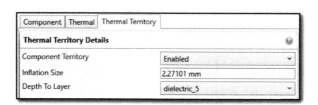

图 13-17　元器件 Thermal Territory 选项卡

如图 13-18 所示，单击 Inactive Components 左侧的三角形展开该子节点，其下方列出了所有未激活的元器件。未激活的元器件各参数与已激活的元器件相同，取消勾选 Filtered，则可将该元器件重新激活。

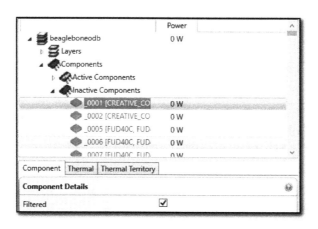

图 13-18　未激活的元器件

如图 13-19 所示，选中 Power and Ground Nets 节点，在其下方的 Net List 列表中将显示所有的 Net。FloEFD 默认用于供电的导电材料均被勾选并列于 Merged Nets 子节点中，例如名称中包含 GND、VDD，以及 3.5V、5V 等。若手动勾选某个 Net，则其将被列于 Explicit Nets 子节点中。

如图 13-20 所示，选中 Explicit Nets 子节点下方的某个 Net，在 Power and Ground Net Details 选项卡的 Model Level 中将其选择为 Merged，则该 Net 将被移动至 Merged Nets 子节点中。反之，Merged Nets 子节点中的某个 Net 也可通过相同的方法将其移动至 Explicit Nets 子节点中。Explicit Nets 子节点中的 Net 将以固体实体的形式被详细建模，而 Merged Nets 子节点中的 Net 将被简化为各向异性导热系数的材料。需注意的是，若使用 Explicit Nets 进行详细建模，则 PCB 的 Model Level 只能设置为 Detailed。

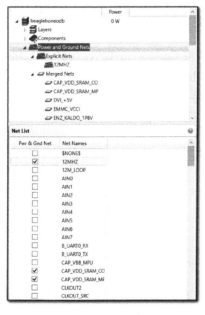

图 13-19　Power and Ground Nets 节点

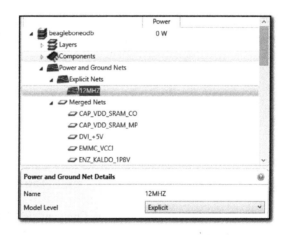

图 13-20　Explicit Nets 子节点

13.3　FloEFD EDA Bridge 应用示例

打开 FloEFD 的示例文件夹（默认为 C：\ Program Files \ FloEFD \ FloEFD FE2022. 1 \ examples \ Tutorial Examples），复制出其中的 E3-Smart PCB 文件夹。

启动 FloEFD 2022. 1，打开 E3-Smart PCB 文件夹中的 beaglebone. sldasm。通过 Flow Analysis→Tools→EDA Import 命令打开 Simcenter FloEFD EDA Bridge 窗口。

单击 Open，打开 E3-Smart PCB 文件夹中名为 beagleboneodb. tgz 的 ODB + +文件，弹出图 13-21 所示的 ODB + + Options 窗口。其中 Default Component Height 和 Default

图 13-21　ODB++ Options 窗口

Dielectric Layer Thickness 为默认的元器件高度和 PCB 层厚，若文件中未定义该值，则自动采用默认值；若勾选 Use Assumed % Cover，还可指定各层的铺铜率。此处均无须修改，单击 OK 按钮即可。

通过 File→Export Thermal List→Active Components 命令导出名为 Thermal List. xlsx 的文件，并在打开的对话框中单击 Yes 按钮打开该文件，对其按表 13-2 进行编辑后保存。

表 13-2　元器件信息编辑表

Reference Designator	Model Type	Filtered	Max T. Junction	Max T. Case	Resistance J/B	Resistance J/C	Power
			degC	degC	K/W	K/W	W
D6	Simple	1	90	75	10000000000	10000000000	0.1
D7	Simple	1	90	75	10000000000	10000000000	0.1
MTG1	Simple	1	90	75	10000000000	10000000000	0
MTG2	Simple	1	90	75	10000000000	10000000000	0
MTG3	Simple	1	90	75	10000000000	10000000000	0
MTG4	Simple	1	90	75	10000000000	10000000000	0
NONAME25	Simple	1	90	75	10000000000	10000000000	0
NONAME26	Simple	1	90	75	10000000000	10000000000	0
NONAME55	Simple	1	90	75	10000000000	10000000000	0
P1	Simple	1	90	75	10000000000	10000000000	0
P2	Simple	0	90	75	10000000000	10000000000	0.25
P3	Simple	1	90	75	10000000000	10000000000	0
P4	Simple	0	90	75	10000000000	10000000000	0
P5	Simple	1	90	75	10000000000	10000000000	0
P6	Simple	1	90	75	10000000000	10000000000	0
P8	Simple	1	90	75	10000000000	10000000000	0
P9	Simple	1	90	75	10000000000	10000000000	0
P10	Simple	0	90	75	10000000000	10000000000	0
U2	2Resistor	0	90	75	5.6	16.4	0.25
U4	Simple	0	90	75	10000000000	10000000000	0.4
U5	2Resistor	0	90	75	12.1	10.2	0.6
U6	Simple	0	90	75	10000000000	10000000000	0
U8	Simple	0	90	75	10000000000	10000000000	0
U11	Simple	0	90	75	10000000000	10000000000	0

（续）

Reference Designator	Model Type	Filtered	Max T. Junction	Max T. Case	Resistance J/B	Resistance J/C	Power
			degC	degC	K/W	K/W	W
U12	Simple	0	90	75	10000000000	10000000000	0.4
U13	Simple	0	90	75	10000000000	10000000000	0.25
U14	Simple	0	90	75	10000000000	10000000000	0.25
Y1	Simple	0	90	75	10000000000	10000000000	0.2

通过 File→Import Thermal List 命令导入编辑后的 Thermal List. xlsx 文件，在模型节点树中即可查看各元器件已被正确设置，如图 13-22 所示。其中 D6 和 D7 的图标被设置为灰色，因为其 Filtered 参数虽然被设置为 1，但是其热功耗不为 0W，所以其仍然位于 Active Components 子节点中，只是以灰色显示。后续导入至 FloEFD 时，D6 和 D7 本体将被忽略，但是其热功耗将被均匀附于 PCB 表面。U2 和 U5 由于采用了双热阻的建模方式，因此其图标也发生变化。

单击左侧 Layout Unlocked 图标 🔒，在弹出的对话框中单击 OK 按钮解锁 PCB。单击 Create Component 图标 🗄️，新建一个元器件，如图 13-23 所示。在 Component 选项卡中，将其 Board side 设置为 Bottom，X Location（Origin）和 Y Location（Origin）分别设置为 30. 5mm 和 58. 5mm，Length（Xo）、Width（Yo）和 Height（Zo）分别设置为 5mm、5mm 和 2mm。

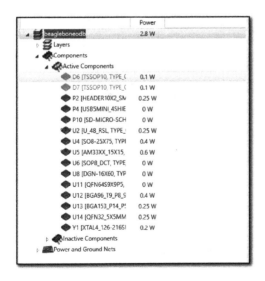

图 13-22　编辑后的模型节点树

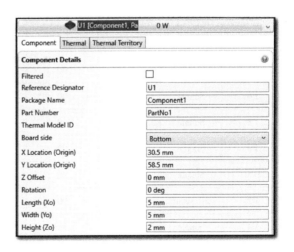

图 13-23　新建一个元器件

如图 13-24 所示，在 Thermal 选项卡中，将其 Model Type 设置为 2Resistor，Power 设置为 0. 35W，Max. $T_{Junction}$ 设置为 90degC，Max. T_{Case} 设置为 75degC，Resistance J/B 和 Resistance J/C 均设置为 0. 5K/W。

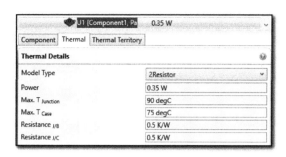

图 13-24　设置新建元器件

通过 File→Save as 命令，将当前 PCB 另存为 beagleboneodb_2. edabridge 文件。

13. 3. 1　Compact 模型

在 FloEFD EDA Bridge 中重新打开上文中的 beagleboneodb_2. edabridge 文件，单击工具栏中的 Transfer Assembly 图标弹出 Model Summary 窗口，将 Board Modeling Level 设置为 Compact，将 Thermal Conductivity Calculation 设置为 Empirical，单击 Begin Transfer 按钮将该 PCB 传输至 FloEFD，如图 13-25 所示。

传输完成以后，EDA Bridge 窗口自动关闭。该 EDA 文件将自动作为一个子项目插入至原有的 FloEFD 模型中。

如图 13-26 所示，在 FloEFD 窗口中，Feature Manager Design Tree 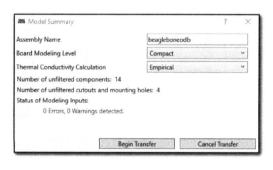最下方已经自动插入一个名为 beagleboneobd 的子组件。如有需要，可用 SolidWorks 的对齐、移动等功能将其移动至正确的位置，本例中无需移动。

图 13-25　Model Summary 窗口

如图 13-27 所示，单击 FloEFD Analysis 图标 ，同样地，在 Input Data 下方已经自动插入一个名为 From Components 的子组件，该子组件下含有一个名为 beagleboneodb-1［Project（1）］的子项目。该子项目中 Compact PCB Material 为所导入的 PCB 的材质设定，Typical Plastic Package 为所导入的 Model Type 为 Simple 的元器件材质设定，Insulator（Default）为该子项目的默认材料。右击 Compact PCB Material，单击 View，再单击 Create→Edit，可在 Engineering Database 窗口中查看该 PCB 材质的详细参数，如图 13-28 所示。Heat Sources 中所列为 Model Type 设置为 Simple 元器件的热功耗，其中未过滤的各元器件以体热源的形式附于各个元器件本体，如 P2、U4 等；而过滤掉的元器件的热功耗则以面热源的形式被均匀的附于 PCB 表面，如 SS Heat Generation Rate 1 即为前文所述过滤掉的 D6 和 D7 的热功耗。Radiative Surfaces 所列为双热阻元器件的表面辐射发射率和 PCB 以及其他元器件的表面辐射发射率。Two-Resistor Components 所列为各个双热阻元器件。若需要对 beagleboneodb-1［Project（1）］子项目下的各个参数进行修改，可右击 beagleboneodb-1［Project（1）］，选择 Open Project 打开该子项目，即可在子项目下进行修改，然后再次右击 beagleboneodb-1［Project(1)］，选择 Update 更新项目。

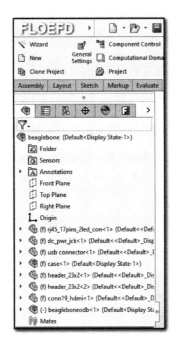

图 13-26　Feature Manager Design Tree

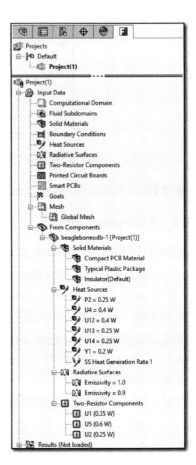

图 13-27　FloEFD Analysis 窗口

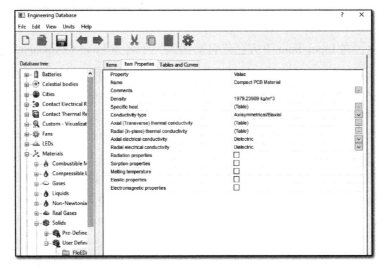

图 13-28　Engineering Database 窗口的 PCB 材质参数

13. 3. 2　Detailed 模型

在 FloEFD EDA Bridge 中重新打开上文中的 beagleboneodb_2. edabridge 文件。展开模型节点树中的 Active Components，选中 U5，在 Thermal Territory 选项卡中，将 Component Territory 设置为 Enabled，将 Inflation Size 设置为 2mm，将 Depth To Layer 设置为 plane_6（All Layers），如图 13-29 所示。

展开模型节点树中的 Power and Ground Nets→Merged Nets，选中 DGND，并将其 Model Level 设置为 Explicit，如图 13-30 所示。

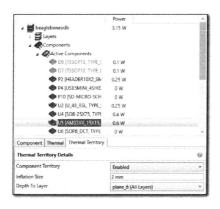

图 13-29　元器件 Thermal Territory 设置

图 13-30　Explicit Nets 设置

完成上述设置后，图形显示区域将显示 DGND 详细的导电材料分布以及 U5 的 Thermal Territory 区域，如图 13-31 所示。

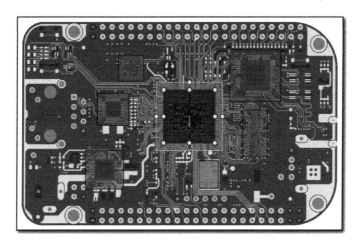

图 13-31　设置后的图形显示

单击工具栏中的 Transfer Assembly 图标，弹出 Model Summary 窗口，此时 Board Modeling Level 选项只能设置为 Detailed，将 Thermal Conductivity Calculation 设置为 Analytical，单击 Begin Transfer 按钮将该 PCB 传输至 FloEFD，如图 13-32 所示。

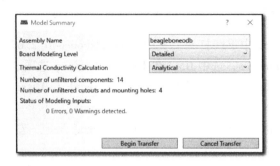

图 13-32 Model Summary 窗口

同样的，传输完成以后，EDA Bridge 窗口自动关闭。该 EDA 文件将自动作为一个子项目插入至原有的 FloEFD 模型中。

如图 13-33a 所示，在 FloEFD 窗口中，Feature Manager Design Tree 🔮 最下方已经自动插入一个名为 beagleboneobd1 的子组件。本小节仅研究 Detailed 模型，因此右键选择 13.3.1 节所创建的 beagleboneobd 子组件，单击 Suppress ↓🔮 对其进行抑制，如图 13-33b 所示，使其所对应的 Compact 模型不参与仿真模型研究与计算。

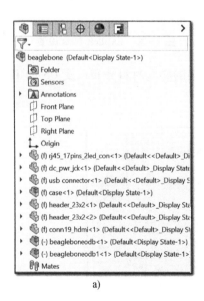
a)

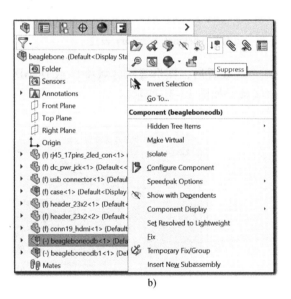
b)

图 13-33 Feature Manager Design Tree

单击 FloEFD Analysis 图标，在 From Components 子组件下已经自动插入一个名为 beagleboneodb1-1[Project(1)] 的子项目，并且由于 beagleboneobd 子组件被抑制，其所对应的 beagleboneodb-1[Project(1)] 子项目以未激活状态的灰色显示，如图 13-34 所示。在新的子项目中，各元器件的建模方式与 13.3.1 节中的子项目相同，而由于采用了 Detailed 等级的建模方式，因此 PCB 根据其层数被分为多个固体，固体材料较 13.3.1 节的子项目多。其中 Copper_FR4_××.××为各叠层的材质设定。此外，由于本例中 DGND 的 Model Level 被设置为

Explicit，U5 的 Thermal Territory 被设置为 Enabled，因此这两部分的导电材料以实体形式被详细建模，如图 13-35 所示。

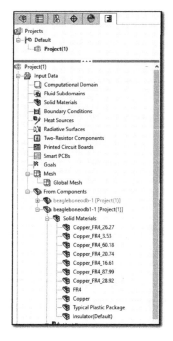

图 13-34 FloEFD Analysis 窗口

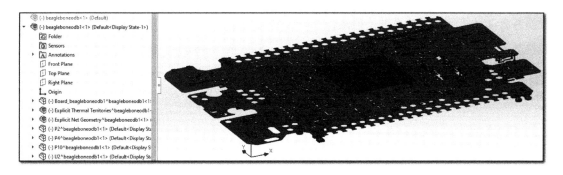

图 13-35 DGND 和 Thermal Territory 的详细模型

13.3.3 Material Map 模型

在 EDA Bridge 中重新打开上文中的 beagleboneodb_2. edabridge 文件。单击工具栏中的 Transfer Assembly 图标，弹出 Model Summary 窗口，将 Board Modeling Level 选项设置为 Material Map，单击 Begin Transfer 按钮将该 PCB 传输至 FloEFD，如图 13-36 所示。

同样地，将 13.3.2 节所创建的子项目进行抑制，仅保留本小节新导入的子项目 beagleboneodb1-2[Project(1)]。如图 13-37 所示，以 Material Map 等级的建模方式采用 Smart PCBs 智能元器件对 PCB 进行建模，因此固体材料中不再含有 PCB 的材质。此外，被过滤掉的元器件的热功耗也被附于该智能元器件，而不再以面热源的形式建模。

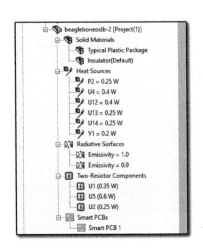

图13-36　Model Summary 窗口

图13-37　新导入的等级为
Material Map 的子项目

右击 Smart PCB 1，选择 View，打开该智能元器件的编辑窗口，如图13-38所示。Material Map 的建模方式将每层 PCB 划分为多个单元，每个单元根据其材质自动计算导热系数。Number of Tiles Per Layer's Longest Side ⊞ 可以定义最长边的最大单元格的数量，默认为100。Resolution ⊡ 可以定义单元格的划分精度，若选为 Fine，则划分单元格时会进行材质的区分，不同的材质将被划分至不同的单元格；而若选为 Averaging，则可以合并不同的材质并自动计算等效导热系数。显然，Fine 会极大增加单元格的数量。Total Nodes ⬚ 为单元格数量，若 Number of Tiles Per Layer's Longest Side 或 Resolution 被重新设置，单击 Total

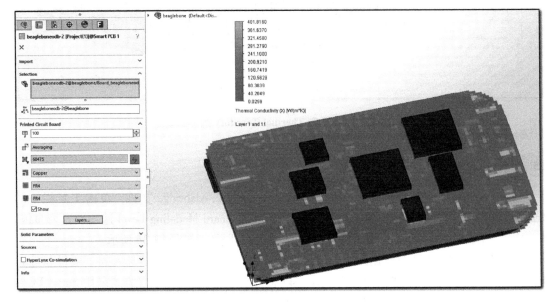

图13-38　PCB 智能元器件 Smart PCB 1

Nodes 右侧的 Autoupdate  按钮即可刷新单元格数量。Conductor Material（Default）、

Dielectric Material（Default）和 Vias Material（Default）分别为导电材料、绝缘基材和

通孔材质。勾选 Show，则可以在图形区域直观地显示 PCB 上各处的导热系数。单击 Layers
按钮，可打开图 13-39 所示 Stack-up 窗口，允许用户对各层以及通孔进行进一步的编辑。
图 13-38 中 Solid Parameters 选项定义了初始固体温度。Sources 选项列出了 PCB 的热功耗，
前文中过滤掉的 D6 和 D7 的热功耗被附于 PCB，如图 13-40 所示，单击图中的 Import from
File 按钮，选择 E3-Smart PCB 文件夹中的 thermal_vdd_3v3b. txt，还可直接导入 HyperLynx 输
出的热功耗数据，如图 13-41 所示。勾选 HyperLynx Co-simulation 选项可以进行 HyperLynx 的
联合仿真。

图 13-39　Stack-up 窗口

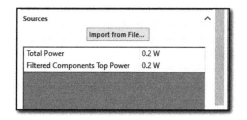

图 13-40　被过滤元器件的热功耗

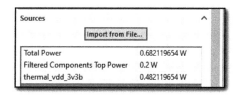

图 13-41　HyperLynx 导入的热功耗

13.4　小结

通过 FloEFD EDA Bridge 模块，用户可将 PCB 设计软件导出的 EDA 文件直接导入至
FloEFD 进行详细建模。

在 FloEFD EDA Bridge 界面，可以对 PCB 以及元器件进行编辑后导出至 FloEFD，PCB
的建模等级可以分为 Compact、Detailed 和 Material Map。Compact 等级最为简单，仅将 PCB
视为一个具有各向异性导热系数的固体，Detailed 等级允许用户将 PCB 内部的导电材料进行
实体详细建模，而 Material Map 等级则支持从 HyperLynx 输入热功耗数据或者与 HyperLynx
进行联合仿真。

参 考 文 献

[1] 王福军. 计算流体动力学分析——CFD 软件原理与应用 [M]. 北京：清华大学出版社，2004.

[2] 章熙民，任泽霈，梅飞鸣. 传热学 [M]. 4 版. 北京：中国建筑工业出版社，2001.

[3] FloEFD V14 Technical Reference.

[4] 徐德胜. 半导体制冷与应用技术 [M]. 2 版. 上海：上海交通大学出版社，1999.

[5] 李波. FloTHERM 软件基础与应用实例 [M]. 北京：中国水利水电出版社，2014.

[6] FloEFD V14 Solving Engineering Problems.

[7] 陆平，李波，周滋锋，等. 基于 FloEFD 软件的空调箱温度线性设计 [J]. 制冷技术，2015 (1).

[8] Simcenter FloEFD User Guide 2022.

[9] Simcenter FloEFD Technical Reference 2022.